全面推行河长制
理论分析与实践探索

主　编　孙少杰　张丛林
副主编　韦彦斐　杜元亮　乔海娟　章玉东　冯华军

中国水利水电出版社
www.waterpub.com.cn
·北京·

内 容 提 要

本书全面回顾了河长制的起源与扩散历程，通过评估与比较等方法分析了河长制存在的问题，并提出了对策建议；针对我国河湖管护实践中的难点问题，结合浙江省污水零直排区建设实践，提出了河长制框架下城市污水处理能力与排水管网性能的提升方式，并就河湖生态质量提升与河湖治理长效机制开展了系统性研究。

本书资料翔实，内容丰富，理论性、实践性强，可供从事河湖管理与保护的各类管理及技术人员、资源环境相关专业的工程建设及管理人员、高校和科研机构师生，以及广大关心河湖管理与保护事业的人士阅读参考。

图书在版编目（ＣＩＰ）数据

全面推行河长制理论分析与实践探索 / 孙少杰，张丛林主编. -- 北京 ： 中国水利水电出版社，2022.3
ISBN 978-7-5226-0519-7

Ⅰ．①全… Ⅱ．①孙… ②张… Ⅲ．①河道整治－责任制－研究－中国 Ⅳ．①TV882

中国版本图书馆CIP数据核字(2022)第032074号

书　　名	全面推行河长制理论分析与实践探索 QUANMIAN TUIXING HEZHANGZHI LILUN FENXI YU SHIJIAN TANSUO
作　　者	主编 孙少杰　张丛林 副主编 韦彦斐　杜元亮　乔海娟　章玉东　冯华军
出版发行	中国水利水电出版社 （北京市海淀区玉渊潭南路 1 号 D 座　100038） 网址：www.waterpub.com.cn E - mail：sales@mwr.gov.cn 电话：(010) 68545888（营销中心）
经　　售	北京科水图书销售有限公司 电话：(010) 68545874、63202643 全国各地新华书店和相关出版物销售网点
排　　版	中国水利水电出版社微机排版中心
印　　刷	北京印匠彩色印刷有限公司
规　　格	170mm×240mm　16 开本　10.5 印张　206 千字
版　　次	2022 年 3 月第 1 版　2022 年 3 月第 1 次印刷
定　　价	80.00 元

本 书 编 委 会

主　编　孙少杰（浙江华仕管道科技有限公司）

　　　　张丛林（中国科学院科技战略咨询研究院）

副主编　韦彦斐（浙江省环境科技有限公司）

　　　　杜元亮（浙江华仕管道科技有限公司）

　　　　乔海娟（南京水利科学研究院）

　　　　章玉东（浙江管迈环境科技有限公司）

　　　　冯华军（浙江工商大学环境科学与工程学院）

参　编　(按姓氏笔画排序)

　　　　王　健（浙江管迈环境科技有限公司）

　　　　王军强（水利部农村电气化研究所）

　　　　刘千禧（北京林业大学）

　　　　严　俊（中国电建集团华东勘测设计研究院有限公司）

　　　　李卫新（温州市天盾施工图审查咨询中心）

　　　　杨　树（中国港湾工程责任公司）

　　　　杨明一（北京航空航天大学）

　　　　吴　贲（浙江省招投标管理中心）

　　　　吴小芳（浙江华仕管道科技有限公司）

　　　　陈　欣（北京林业大学）

　　　　陈雾华（浙江省环境科技有限公司）

　　　　黄　洲（湖州交通技师学院）

　　　　黄宝荣（中国科学院科技战略咨询研究院）

　　　　曹飞凤（浙江工业大学）

　　　　康文健（河北工程大学）

　　　　董磊华（中国电建集团北京勘测设计研究院有限公司）

　　　　楼　骏（浙江同济科技职业学院）

　　　　魏　钰（中国科学院科技战略咨询研究院）

序 一

　　全面推行河长制，是中共中央、国务院为加强河湖管理保护作出的重大政策设计，是落实绿色发展理念、推进生态文明建设的内在要求，是解决我国复杂水问题、维护河湖健康的有效举措，是完善水污染治理体系、保障国家水安全的制度创新。通过实施河长制，中国的江河湖泊实现了从"没人管"到"有人管"，有的河湖还实现了从"管不住"到"管得好"的重大转变，推动解决了一批河湖保护与管理的痛点、堵点和难点，使河湖环境质量和生态健康状况逐步得到好转。在生态文明体制改革背景下，河长制进行了一系列体制机制创新，在立法、规划、跨区域统筹、跨部门协调等方面得以进一步强化，直接服务于国家重大发展战略，推动实现高水平保护和高质量发展。

　　本书系统分析和总结了我国多年来河长制理论和实践探索成果。一是系统回顾了河长制的起源、发展和推广历程，梳理了河长制发源地的实践与创新，运用评估与比较等方法，科学分析了河长制存在的问题和瓶颈，提出了政策建议。二是讨论了河长制框架下城市污水处理与排水管网的提升方式，结合福建省和浙江省河长制工程案例，系统总结了我国河湖环境质量提升、污染治理和生态修复长效机制、经验和成效。"十四五"时期是我国生态环境质量改善由量变到质变的关键时期，《中华人民共和国国民经济和社会发展第十四个五年规划和 2035 年远景目标纲要》要求强化河长制、湖长制，对全面推行河长制提出了新的更高要求。本书的出版恰逢其时，可为新时期继续探索河长制新理论与新实践提供参考，并为我国深入打好污染防治攻坚战和美丽中国建设提供科技支撑。

本书作者善于思考、大胆创新、勇于探索、善于总结的科学精神令人佩服、值得鼓励。希望此书能为我国众多从事河湖研究的技术与管理工作者，及相关专业的科学家和学生提供借鉴。

　　是为序。

吴丰昌

中国工程院院士

中国环境科学研究院环境基准与风险评估国家重点实验室主任

2022 年 1 月

序 二

我国江河湖泊众多，水系发达，保护江河湖泊，事关人民群众福祉，事关中华民族长远发展。中共十八大以来，以习近平同志为核心的中共中央高度重视治水工作，作出全面推行河长制的重大决策部署。

截至 2021 年 12 月，31 个省（自治区、直辖市）党委和人民政府主要领导担任省级双总河长，30 万名省、市、县、乡级河湖长年均巡查河湖 700 万人次，90 多万名村级河湖长（含巡河员、护河员）守护河湖"最前哨"。河长制的推行促使"有问题找河长"渐成一种解题习惯。在中华大地纵横交错的河湖水系上，河长们披挂上阵，为河长制奠定了坚实基础。

一项好的制度，只有在实践中不断发展，才能永葆生机和活力。随着实践认识的不断深化，将制度建设和治理能力摆到更加突出的位置，契合时代特点推动制度创新，让河湖管理于法有据、让河湖监管有章可循、让河湖保护有计可施，必将推进河湖治理体系和治理能力不断走向成熟。

本书除总结河长制的起源与扩散过程、实践与创新案例以外，还建立评估与比较方法，从不同层面剖析全面推行河长制存在的主要问题并提出对策建议。在理论分析的基础上，针对我国河湖管护实践中的难点问题，结合浙江省污水零直排区建设实践，提出河长制框架下城市污水处理系统与城市排水系统的提升方式，并就河湖生态质量提升与河湖治理长效机制开展了系统性研究。衷心希望这本书能为广大读者提供借鉴与启发。

让我们大家共同努力，为我国河湖面貌进一步改善、为建设美丽中国而不懈奋斗。

特为之序。

天津大学教授

天津理工大学校长

2022 年 1 月

前　言

　　水资源是人类文明的源泉，与人类的生存、发展和一切经济活动密切相关。江河湖泊是水资源的重要载体和生态空间的重要组成，也是生态系统和国土空间的重要组成部分，具有不可替代的资源功能、生态功能和经济功能。河湖管理与保护是一项系统工程，涉及上下游、左右岸、不同行政区和行业，是节约水资源、保护水环境、改善水生态、保障水安全、维护河湖健康生命的重要抓手和有效举措。党的十八大以来，以习近平同志为核心的党中央高度重视治水工作，作出全面推行河长制的重大决策部署。全面推行河长制是落实新发展理念、推进生态文明建设的内在要求，是解决我国复杂水问题、维护河湖健康生命的有效举措，是完善水治理体系、保障国家水安全的制度创新。为学习贯彻中共中央关于全面推行河长制的系列决策部署，为我国河湖管理与保护提供支撑，本书编委会编写了《全面推行河长制理论分析与实践探索》一书。

　　全书共分九章，第一章"河长制的起源与扩散"分阶段回顾了河长制的起源与扩散过程，对各阶段全面推行河长制的特点进行了分析；第二章"国家层面全面推行河长制存在的问题与建议"运用历史制度主义分析方法，剖析河长制历史变迁过程中的路径依赖现象，并指出河长制的演变趋势；第三章"省级层面全面推行河长制存在的问题与建议——以国家生态文明试验区（福建）为例"建立评估指标体系，对国家生态文明试验区（福建）全面推行河长制的绩效开展评估，明确存在的问题，提出对策建议；第四章"如何完善河长制——基于与流域综合管理比较的视角"构建了以"政策目标-政策执行者-政策工具"

为导向的三维河湖管护协调政策比较框架，分析了河长制存在的主要问题，以及河长制与流域综合管理的主要差异。针对河长制存在的主要问题，基于比较结果提出了相关对策；第五章"河长制发源地的实践与创新"梳理了浙江省河长制的发展历程，分析了浙江省河长制的主要任务，并对其全面推行河长制的创新与经验进行提炼，明确存在的问题，提出对策建议；第六章"河长制框架下城市污水处理系统的提升"从起源、组成部分、处理流程、存在问题等方面，对城市污水处理系统进行系统分析，在此基础上，系统阐述全面推行河长制背景下污水处理系统提升的浙江实践；第七章"河长制框架下城市排水管网系统的提升"从概念、分类、发展历程、规划设计、存在问题、解决措施等方面，对城市排水管网系统进行系统介绍，分析了污水零直排区创建对于城市排水管网系统的改造，提出了河长制框架下城市内涝问题的预警治理方案；第八章"全面推行河长制背景下河湖生态质量提升研究"分析了河湖生态治理现状，并从河湖污染源调查、排水管网的改造和修复、河湖清淤及生态系统修复等方面明确了河湖生态治理的主要内容；第九章"全面推行河长制背景下河湖治理长效监管机制"明确了提升科学治水能力的基本方向，并以建设数字化排水与河长管理平台为着力点提出实施数字治水的基本方案。

本书是全体编委会同仁多年理论研究与工程实践成果的结晶。开展"全面推行河长制理论分析与实践探索"是一项极富挑战性而同时又令人充满激情的工作。本书从筹划到写作完成将近两年时间，经过了整体框架研究与制订、文献资料挖掘与分析、章节分工与撰写、同行专家审阅与修改、书稿汇总编排与统稿、咨询专家评议与审阅、整体综合修改与完善等阶段，持续不断的咨询、研讨和修改工作贯穿全过程。

全体编委会同仁以参与这一研究工作为荣，也深知这一研究面临的诸多困难与挑战，大家分工协作、深耕细耘、反复研讨、数易其稿，倾注了很多心血，付出了巨大努力，个中甘苦，如鱼饮水，冷暖自知。但毋庸讳言，我们的研究工作仍需继续深入，本书不当之处，敬请广大读者指正，期待今后继续修改完善。

值本书付梓之际，谨向所有参加研究编撰工作的同仁，向给予研究编撰工作热情关心和指导的各位领导专家，表示衷心感谢，并致以崇高敬意！

编者

2022 年 1 月

目 录

第一章
河长制的起源与扩散

全面推行河长制是解决我国复杂水问题、维护河湖健康生命的有效举措，其核心是实行党政领导特别是主要领导负责制（陈雷，2017）。基本做法是由各级党政主要负责人分级担任各自辖区内河湖的河长，以河湖涉水法律法规为依据，对各项涉水事务进行目标分解、分级传递，并通过严格的考核机制予以奖惩（熊文等，2017）。由于直接关乎人民群众对生态环境的获得感，河长制成为备受关注的焦点。翻看历史不难发现，河长制的提出有其特定的历史背景，并存在不断变迁的历史过程。河长制的历史变迁过程大致是怎样的？河长制的扩散路径是什么？对这两个问题的回答，不仅关乎对河长制的理解，还直接影响未来我国河湖管护的成效。

目前，针对河长制的起源与扩散，前人已开展了若干研究。姜斌（2016）总结了河长制十年的发展与成效。刘芳雄等（2016）从缘起、实践和成效等视角梳了河长制的历史变迁进程。周建国等（2017）以省级政府的做法为依据，将河长制划分为省级政府吸纳推广、地级市自主转移和省级政府强制性推广三个阶段。刘超（2017）根据制度重要程度，将河长制划分为地方试点探索和国家顶层设计两个阶段。王洛忠等（2018）基于制度扩散理论，将河长制的发展历程划分为政策初创推广期、政策扩散显现期、政策扩散加速期。沈满洪（2018）从制度经济学视角，将河长制发展划分为个别首创、局部扩散、全面推进三个阶段。李永健（2019）根据出台的政策将河长制划分为创制、局部扩散和全面推行三个阶段。

河长制是一种中国式的提法，国际上并无此称呼，在河湖管理协调制度与机制方面，类似的国际经验主要是流域综合管理（徐慧芳等，2016）。不同国家、不同国际河流根据本国和本流域实际情况，分别探索了流域管理局（如美国的田纳西流域管理局）、流域协调委员会（澳大利亚墨累-达令河）、综合性流域机构（欧洲莱茵河管理委员会）等模式（杨桂山等，2004）。流域管理局模式是一种集中管理模式，吸纳流域内所有与水资源管理相关的组织机构，在国家法律法规下进行运作，可接管流域内相关政府职能部门的功能和职责，有利于集中力量开发水资源（Milllngton et al.，2016）。流域协调委员会模式由各个行政区的相关政府官员代表及流域内其他利益相关方代表组成，注重跨区域协调合作，利用经济杠杆对资源进行调配（Department of the Environment and Energy，2016）。综合性流域机构模式适用于跨国流域的水环境治理与水生态修复，通过设置共同目标、制定水框架指令、实施动态监管等措施，保证流域可持续发展（United States Environmental Protection Agency，2016）。

总体来看，已有研究已经取得大量成果，但对河长制变迁原因的分析有待进一步深入。本章拟在已有研究的基础上，诠释河长制的历史变迁全貌，分析河长制扩散的基本路径。

第一节 古 代 "河 长"

类似于"河长"的官职古已有之，古代不仅有河长，还有圩长、湖长、渠长等。在我国几千年的历史长河中，因为担任地方行政长官，而兼任"河长"的官员数不胜数，他们积极履职，为治水防汛抗洪作出了突出贡献，涌现了不少优秀的"河长"。

专栏 1-1 古代"河长"

善治国者必先治水，"河长"官职古而有之。

堪称"中华第一河长"的是上古时期部族领袖尧任命的鲧。《史记·夏本纪》记载，当天下洪水滔滔、水灾为民众大害时，最高统治者把选取治水首领当做头等大事，最后在有争议之中选定了鲧作为治水责任人，并严明责任要求。虽然最终治水失败，但鲧的治水精神一直为人民所追念。排名第二的当属大禹。他对父亲鲧治水失败的经验教训进行了反复研究和总结，放弃筑坝堵水的方法，改用疏导的办法，把洪水引到大海中去。大禹为了治理洪水，常年在外与民众一起奋战，置个人利益于不顾，"三过家门而不入"。大禹治水13年，耗尽心血与体力，终于完成了治水的大业。由于治水的伟大功绩，后代的人都尊称他为"大禹"（图1-1）。

图1-1 大禹治水壁画

　　战国时期的李冰被任命为秦国的蜀郡太守后，他发现当地百姓生活极其艰难，经常为洪涝灾害所袭扰，常年颗粒无收。经过实地考察，李冰发现流经成都平原的岷江流域正是水患的罪魁祸首。于是，他总结前人治水的经验，提出"分洪以减灾，引水以灌田"的治水方针，决定在岷江上修建一座防洪、灌溉、航运兼用的大型综合水利工程，这就是都江堰水利工程（图1-2）。都江堰的修建，使川西平原成为"水旱从人"的"天府之国"，也使成都平原成为秦国的两大粮仓之一。

图1-2　都江堰水利工程

　　东汉时期的王景于永平十二年（公元69年）奉命带领几十万人治理黄河、汴河。他主张改变黄河的河道，将黄河水引到地势低洼的地方，流入大海，终于治理好了泛滥长达60年之久的黄河水患而被载入史册。自从王景治河之后，黄河在此后的近千年的时间里都没有发生大的泛滥，使桀骜不驯的黄河安流800年，历史上有"景治河，千载无患"的说法。

　　唐代的姜师度热爱兴修水利，以开渠灌溉、发展农业生产为己任。他带领百姓开通敷水渠、利俗渠、罗文渠等水利工程，又在黄河筑堰引水，开辟稻田2000多顷，置屯十多所，获得粮食丰收。唐玄宗为嘉奖他的成绩，特加授他金紫光禄大夫，后擢为将作大匠。

　　北宋著名文学家苏轼在担任杭州刺史时，也承担了相当于河长的工作。当时的西湖由于长期没有疏浚，淤塞过半、湖水干涸，严重影响了农业生产。苏轼任职的第二年就动用民工20余万疏浚西湖，并建造了三塔作为标志，成就了今天的"三潭印月"。疏浚出的淤泥集中起来，筑成了一条纵贯西湖的长堤，后人称之为"苏堤"（图1-3）。

图1-3　苏堤风景

　　清朝末期的林则徐，在他40年的政治生涯里，除了抵御外侮，还致力于治水工作。从北方的海河，到南方的珠江，从东南的太湖流域，到西北的伊犁河，都留下了他治水的足迹。在浙江，他亲自勘察海塘水利，对旧塘脆薄者加以整修；在河南开封，他襄办水务，亲自驻守祥符六堡河上（图1-4）；充军新疆伊犁后，为了垦复阿齐乌苏地亩工程，在伊犁将军布彦泰的支持下，他决定把喀什河引水渠道拓宽加深，开挖新渠引入阿齐乌苏东界水源。他对阿齐乌苏渠（即湟渠）采取分段捐资修建的办法，并且自己主动捐资承建了最艰巨的龙口工程。至今，伊犁人还是习惯地称"湟渠"为"林公渠"。

图1-4　林公堤

　　必须指出的是，古代"河长"并不等同于现代"河长"。二者的根本区别在于古代"河长"缺乏规范化、现代化的管理制度，更多依赖官员的个人意志，具有一定的随意性（表1-1）。

表1-1　　　　　　　古代"河长"与现代"河长"的区别

项　目	古代"河长"	现代"河长"
主要任务	修筑和维护水利设施、保证农田灌溉、防洪抗旱、保障航运	水资源保护、河湖水域岸线管理保护、水污染防治、水环境治理、水生态修复、执法监管
满足涉水需求	生存性需求①、发展性需求②	生存性需求、发展性需求、环境性需求③、精神性需求④
管理制度	更多依赖官员个人意志，具有随意性	建立了规范化、现代化的管理制度，包括：河长会议制度、信息共享制度、信息报送制度、工作督察制度、考核问责与激励制度、验收制度

①　生存性需求包括防灾减灾、饮用水、灌溉用水等。
②　发展性需求包括水力发电、生产用水、水运等。
③　环境性需求包括水环境保护、水景观打造和水生态修复等。
④　精神性需求包括水文化、水历史、涉水遗产等。

第二节　部分水问题的行政首长负责制

　　从新中国成立后至"河长制"正式提出前，我国陆续对部分水问题陆续实行行政首长负责制，此时尚未出现"河长制"的提法。但是为应对水灾害、水资源、水环境等问题，我国陆续对防汛抗旱、大坝安全、饮用水安全等工作实行行政首长负责制，这些水管理工作的共性是涉及人民生命安全，为后来"河长制"的提出做了铺垫（表1-2）。

表1-2　　　　　　　　实行行政首长负责制的水管理工作

时间	政策性文件	相关要求
1952年	《中央人民政府政务院关于大力开展群众性防旱、抗旱运动的决定》	防旱、抗旱工作必须由行政首长亲自负责，专职领导
1988年	《中华人民共和国河道管理条例》	河道防汛和清障工作实行地方人民政府行政首长负责制
1991年	《水库大坝安全管理条例》	各级人民政府及其大坝主管部门对其所管辖大坝的安全实行行政领导负责制
1991年	《中华人民共和国防汛条例》	防汛工作实行各级人民政府行政首长负责制
1997年	《中华人民共和国防洪法》	防汛抗洪工作实行各级人民政府行政首长负责制

续表

时　间	政策性文件	相关要求
2005 年	《国务院办公厅关于加强饮用水安全保障工作的通知》（国办发〔2005〕45 号）	建立饮用水安全保障的领导责任制

进入 21 世纪以后，中国水问题表现出越来越强的系统性、结构性和流域性特征。随着人民生活水平不断提高，对水资源管理的需求类型更趋多样化，需求层级逐渐提升。而现有水资源管理模式存在一系列问题，造成其解决水问题、满足人民涉水需求的效能不足，形成了新的治水矛盾。

（1）水问题的系统性特征明显。一是水资源、水环境、水生态、水灾害、水管理等水问题相互交织，存在可能危害水安全的系统性风险；二是随着中国用水总量步入零增长平台、水资源利用效率不断提升、节水供水重大水利工程稳步推进、大江大河生态环境保护大力推进，中国的水安全风险开始降低；三是水安全对总体国家安全的支撑作用将越来越显著，水安全与经济安全、社会安全、生态安全、资源安全、生物安全等关系越来越紧密。

（2）水问题的结构性特征显著。一是用水结构与水资源、水环境承载能力不平衡，水资源需求的结构性矛盾突出；二是在产业结构和消费结构转型升级背景下，水的数量性制约作用逐步下降，水的质量性制约作用越来越突出；三是产业空间布局与水资源空间分布不匹配，空间结构矛盾突出。

（3）水问题的流域性特征鲜明。一是流域生态环境治理体系不健全，企业和公众等参与的范围和深度不足，跨部门、跨区域协调机制不完善，多元化资金投入严重不足；二是梯级水电开发、自然岸线破坏、地下水超采等，是造成大江大河生态系统破坏的重要原因；三是跨流域调水工程可能加剧调水区和受水区之间发展的不平衡、不协调；四是"中华水塔"地区正在发生冰川加速退缩、湖泊显著扩张、冰川径流增加等失衡现象，对我国及周边国家的经济社会发展可能产生严重影响。

新形势下，中国治水的主要矛盾已转变为现阶段人民对优质水资源、宜居水环境、健康水生态的更高层次涉水需求与水治理体系和治理能力不足之间的矛盾。而且，中国特色社会主义最本质的特征是中国共产党的领导，决定了我国在河湖管护工作中要坚持和加强党的集中统一领导。这些鲜明特征实际上决定了未来河长制的走向。

第三节　河长制的创建与形成期

浙江省长兴县紧邻太湖，县内河湖交织。2003 年以前，全县民营企业遍地开花，几万台喷水织机产生的污水污染了河道湖泊，村民在河道两岸养猪养鸭，历史上的江南鱼米之乡深受黑水臭气困扰。村镇之间河湖治理时间不同步、标准不统一，责任主体不明确，很多部门能管却没人管。

2003年，长兴县针对主城区河道污染管护职责不清等问题，借鉴"路长制"管理经验，印发了《关于调整城区环境卫生责任区和路长地段、建立里弄长制并进一步明确工作职责的通知》（县委办〔2003〕34号）（图1-5），提出建立"河长制"，对护城河、坛家桥港河道实行"河长制"管理，分别由时任水利局局长、环卫处负责人担任河长，至此长兴县率先在全国实施河长制（图1-6）。2004年，为切实改善包漾河饮用水源水质，确定由水口乡乡长担任包漾河上游水口港河道河长，明确了"水清、岸绿、河畅、景美"的"河长制"管理目标。2005—2007年，长兴县对包漾河周边渚山港、夹山港、七百亩斗港等支流实行"河长制"管理，由村干部担任河长，"河长制"由镇级向村级延伸，实现了单一河道治理向流域系统治理的转变。

图1-5 长兴县关于河长制的第一份政策性文件

2007年夏天，由于太湖水质恶化，加上不利的气候条件，太湖爆发大面积蓝藻。2007年8月，无锡市印发《无锡市河（湖、库、荡、氿）断面水质控制

图 1-6 长兴县率先在全国实施河长制的
相关报道（2019 年 8 月 2 日，中央电视台
系列报道《新中国的第一》）

目标及考核办法（试行）》，将河流断面水质检测结果纳入各市县区党政主要负责人政绩考核内容，各市县区不按期报告或拒报、谎报水质检测结果的，按有关规定追究责任。2008 年 9 月，无锡市委、市政府联合下发《关于全面建立"河（湖、库、荡、汊）长制"全面加强河（湖、库、荡、汊）综合整治和管理的决定》，从组织架构、目标责任、措施手段、责任追究等多个层面对河湖综合管理提出了系统要求。

第四节 河长制的试点与扩散期

通过对长兴经验的效仿和借鉴，河长制逐步延伸至浙江全省及全国大部分地区。2014 年，水利部印发《关于加强河湖管理工作的指导意见》（图 1-7），鼓励各地推行河长制，并于同年开展河湖管护体制机制创新试点工作（水利部，2014a，2014b）。截至 2016 年年底，全国共有 25 个省级行政区开展了河长制探索，其中，北京、天津、江苏、浙江、福建、江西、安徽、海南等 8 个省级行政区专门出台文件（表 1-3），在辖区范围内推行河长制，其余省级行政区在市、县、流域水系等层面开展了试点（表 1-4）（姜斌，2016）。

表 1-3　　　　　　部分省级行政区出台的河长制政策性文件

时　间	省级行政区	文　件　名　称
2015 年 11 月	江西省	《江西省实施"河长制"工作方案》
2017 年 2 月	福建省	《福建省全面推行河长制实施方案》
2017 年 3 月	安徽省	《安徽省全面推行河长制工作方案》
2017 年 3 月	江苏省	《关于在全省全面推行河长制的实施意见》
2017 年 4 月	海南省	《海南省全面推行河长制工作方案》
2017 年 7 月	浙江省	《浙江省河长制规定》
2017 年 7 月	北京市	《北京市进一步全面推进河长制工作方案》
2017 年 8 月	天津市	《天津市关于全面推行河长制的实施意见》

表 1-4	部分省级行政区开展的河长制试点
时　间	试　点　地　区
2015 年 10 月	湖北省仙桃市、潜江市、夷陵区、宜都市
2015 年 11 月	江西省靖安县
2017 年 1 月	上海市长江口（上海段）、黄浦江干流、苏州河等主要河道
2017 年 2 月	黑龙江省尚志市
2017 年 2 月	福建省闽清县、大田县
2017 年 3 月	河北省张家口市、白洋淀、衡水市、唐山市滦河
2017 年 3 月	安徽省滁州市
2017 年 3 月	山东省济南市、烟台市、淄博全市、济宁部分县（区）和德州市庆云县
2017 年 3 月	广西壮族自治区贺州、玉林和桂林市永福县
2017 年 5 月	广西壮族自治区贺州市、永福县
2017 年 7 月	河北省沧州市
2017 年 7 月	北京市平谷区洵河
2017 年 8 月	山西省吕梁市、太原市、大同市
2017 年 10 月	甘肃省张掖市甘州区
2017 年 10 月	广东省佛山市禅城区

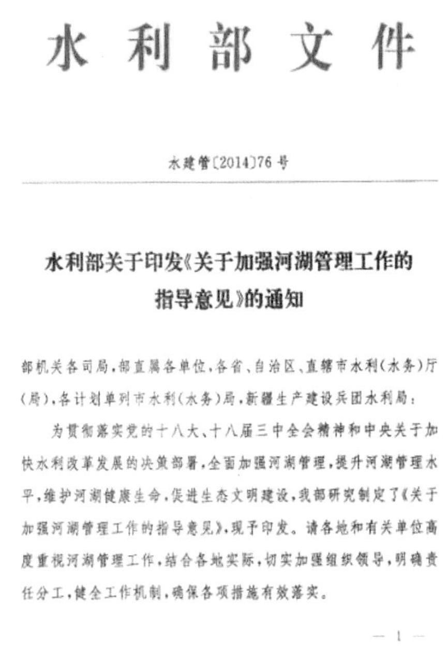

水 利 部 文 件

水建管〔2014〕76 号

水利部关于印发《关于加强河湖管理工作的
指导意见》的通知

部机关各司局，部直属各单位，各省、自治区、直辖市水利（水务）厅（局），各计划单列市水利（水务）局，新疆生产建设兵团水利局：

　　为贯彻落实党的十八大、十八届三中全会精神和中央关于加快水利改革发展的决策部署，全面加强河湖管理，提升河湖管理水平，维护河湖健康生命，促进生态文明建设，我部研究制定了《关于加强河湖管理工作的指导意见》，现予印发。请各地和有关单位高度重视河湖管理工作，结合各地实际，切实加强组织领导，明确责任分工，健全工作机制，确保各项措施有效落实。

— 1 —

图 1-7　水利部印发文件鼓励各地推行河长制

第五节　河长制的推广与强化期

2016 年 12 月，中共中央办公厅、国务院办公厅印发《关于全面推行河长制的意见》，指出河长制的主要任务涵盖水污染防治、水环境治理、水资源保护、水域岸线管理和水行政执法监督等五个方面，并提出建立健全以党政领导负责制为核心的责任体系。自此，河长制正式上升至国家层面。2017 年，修订后的《中华人民共和国水污染防治法》（以下简称《水污染防治法》）明确规定省、市、县、乡建立河长制，分级分段组织领导本行政区域内江河、湖泊的水资源保护、水域岸线管理、水污染防治、水环境治理等工作。2018 年 1 月，中共中央办公厅、国务院办公厅印发《关于在湖泊实施湖长制的意见》，将湖泊水域空间管控纳入河长制任务范畴。此后，在水利部、生态环境部等多部门和地方政府的努力下，全面建立河长制的相关工作不断完善，主要体现在组织体系全面建立、配套制度陆续出台、各地进行本土化创新、信息化平台建设逐步推进、河长制研究机构相继揭牌五个方面（张丛林等，2019）。此后，河长制日益融入国家区域发展战略与顶层设计。河长制被相继纳入黄河流域生态保护和高质量发展战略、《长江保护法》《国民经济和社会发展第十四个五年规划和 2035 年远景目标纲要》。此外，河长制部际联席会议制度得到调整完善，其协调力度得到进一步加强。

这一阶段，河长制在五个方面取得了突出进展。

（1）组织体系全面建立。截至 2018 年 7 月，全国 31 个省（自治区、直辖市）所有江河的河长都明确到位，一共明确了省、市、县、乡四级河长 30 多万名，其中省级领导担任河长的有 402 人。在这 402 人中，有 59 位是省（自治区、直辖市）的党政主要负责同志。在 31 个省级行政区中还有 29 个省份把河长体系延伸到了村一级，设立了村级河长 76 万名，打通了河长制的"最后一公里"。31 个省（自治区、直辖市）的省、市、县均成立了河长制办公室，承担河长制的日常工作（鄂竟平，2018）。

（2）配套制度陆续出台。河长制正式写入《水污染防治法》；各地按照中共中央办公厅、国务院办公厅印发的《关于全面推行河长制的意见》《关于在湖泊实施湖长制的指导意见》精神和水利部有关要求，建立了河长会议制度、信息共享制度、信息报送制度、工作督察制度、考核问责与激励制度、验收制度等 6 项基本制度，还结合本地实际出台了河长巡河、工作督办等配套制度，初步形成了党政负责、水利牵头、部门联动、社会参与的工作格局，保障了河长制顺利进行。

（3）各级河长开始履职，党政领导上岗。各级河长通过巡河调研，掌握河湖的基本情况。有的河长针对河湖存在的突出问题，组织开展了河湖整治。水利部及时部署了入河排污口、岸线保护、非法采砂、固体废物排查、垃圾清除等一系列专项整治行动。一些地方已经取得初步成效，河湖面貌发生了明显的改善。

（4）社会共治正在形成，群众好评不断上升。各地在健全河长体系的同时，广泛发动社会公众参与河湖治理和保护，涌现出一大批乡贤河长、党员河长、记者河长。此外，还涌现出"河小青""河小禹"等巡河护河志愿服务队。

（5）各地在推行河长制过程中进行了大量本土化创新。例如：为了推动基层河长减负、提升河长制工作效率，浙江开展基层治理河长通多通融合试点建设，将河湖管护与基层治理相结合。将县级河长制平台、县级基层治理四平台积极与省级河长制平台、省级基层治理四平台等各系统进行数据对接，实现了系统间的互联互通。多通融合后，河长巡河上报问题将由基层四个平台指挥室根据事件性质分成四个级别进行派单处理：一级事件将由河长自行处理；二级事件由村级层面解决；三级事件由镇级层面解决；四级事件由县级层面解决。进一步提升基层河长上报问题的处理效率和质量，推进"河长"从有名转向有实。再如，福建省创新河长制执法机制。大田县成立生态综合执法局，并组建生态执法司法联动协调小组，有效提升执法权能和效率；龙岩市配置市县乡三级"河道警长"，与"河长"配套，协助开展河道整治和环境整治执法行动；永春县组建"生态警察"中队，查办破坏河道违法案件，有效提升河道执法能力和震慑力；泉州市县两级设立河道检察官工作室，聘任检察干警担任河道检察官，挂钩联系河长制工作，重点督办涉河涉水违法行为；永泰县设立生态环境审判庭、生态环境巡回审判点。

2018年7月，水利部宣布，河长制的组织体系、制度体系、责任体系已初步形成。这一时期，为加强和河长制顶层设计，中共中央、水利部、生态环境部等相继出台了一系列河长制相关的政策性文件（表1-5），对河长制的主要任务、考核激励、信息化平台建设等作出了规定，为我国河长制的实施提供保障。

表1-5　　　　　　　　　　　河长制相关的政策性文件

印发时间	印发机构/部门	文　件　名　称
2016年12月	中共中央办公厅、国务院办公厅	《关于全面推行河长制的意见》
2017年1月	水利部办公厅、环境保护部办公厅	《关于建立河长制工作进展情况信息报送制度的通知》
2018年1月	中共中央办公厅、国务院办公厅	《关于在湖泊实施湖长制的指导意见》
2018年1月	水利部办公厅	《河长制湖长制管理信息系统建设指导意见》
2018年1月	水利部办公厅	《河长制湖长制管理信息系统建设技术指南》

续表

印发时间	印发机构/部门	文　件　名　称
2018 年 1 月	水利部	《关于在湖泊实施湖长制的指导意见》
2018 年 10 月	水利部	《关于推动河长制从"有名"到"有实"的实施意见的通知》
2018 年 11 月	水利部办公厅、生态环境部办公厅	《全面推行河长制湖长制总结评估工作方案》
2019 年 12 月	水利部办公厅	《关于进一步强化河长湖长履职尽责的指导意见》
2020 年 1 月	水利部	《对河长制湖长制工作真抓实干成效明显地方进一步加大激励支持力度实施办法》

参 考 文 献

陈雷，2017. 坚持生态优先绿色发展以河长制促进河长治 ［N］. 人民日报，03 - 22，010.

国务院，1991. 水库大坝安全管理条例 ［EB/OL］. 中国政府网：http：//www. gov. cn/ziliao/flfg/2005 - 09/27/content _ 70631. htm ［03 - 22］.

国务院办公厅，2005. 关于加强饮用水安全保障工作的通知 ［EB/OL］. 中国政府网：http：//www. gov. cn/gongbao/content/2005/content _ 80641. htm ［08 - 17］.

姜斌，2016. 对河长制管理制度问题的思考 ［J］. 中国水利（21）：6 - 7.

李永健，2019. 河长制：水治理体制的中国特色与经验 ［J］. 重庆社会科学（5）：51 - 62.

刘超，2017. 环境法视角下河长制的法律机制建构思考 ［J］. 环境保护，45（9）：24 - 29.

刘芳雄，何婷英，周玉珠，2016. 治理现代化语境下"河长制"法治化问题探析 ［J］. 浙江学刊（6）：120 - 123.

全国人大常委会，1997. 中华人民共和国防洪法 ［EB/OL］. 中国政府网：http：//www. gov. cn/ztzl/2006 - 07/27/content _ 347485. htm ［08 - 29］.

沈满洪，2018. 河长制的制度经济学分析 ［J］. 中国人口资源与环境，28（1）：134 - 139.

水利部，2014a. 关于印发《关于加强河湖管理工作的指导意见》的通知 ［EB/OL］. 中国政府网：http：//www. gov. cn/xinwen/2014 - 03/21/content _ 2643212. htm ［03 - 21］.

水利部，2014b. 关于开展河湖管护体制机制创新试点工作的通知 ［EB/OL］. 水利部网站：http：//www. mwr. gov. cn/zw/tzgg/tzgs/201702/t20170213 _ 858206. html ［09 - 19］.

水利部办公厅，1997. 历次全国水利会议报告文件（1993—1997）［R］.

水利部，2018. 全面建立河长制新闻发布会答问实录 ［J］. 中国水利，2018（14）：3 - 7.

王洛忠，庞锐，2018. 中国公共政策时空演进机理及扩散路径：以河长制的落地与变迁为例 ［J］. 中国行政管理（5）：63 - 69.

熊文，彭贤则，2017. 河长制 河长治 ［M］. 武汉：长江出版社.

徐慧芳，王溯，2016. 国外流域综合管理模式对我国河湖管理模式的借鉴 ［J］. 水资源保护，32（6）：51 - 6.

杨桂山，于秀波，李恒鹏，等，2004. 流域综合管理导论 ［M］. 北京：科学出版社，2004.

张丛林，李颖明，秦海波，等，2019. 关于进一步完善河长制促进我国河湖管护的建议 ［J］.

中国水利（16）：13 - 15.

周建国，熊烨，2017."河长制"：持续创新何以可能——基于政策文本和改革实践的双维度分析 [J]. 江苏社会科学（4）：38 - 47.

Department of the Environment and Energy，Australian goverment，2016. Integrated water resource management in Australia：case studies - Murray - Darling Basin initiative [EB/OL]. [02 - 10]. http：//www. environment. gov. au/node/24407.

MILLINGTON P，2016. Integrated river basin management：from concepts to good practice [EB/OL]. [02 - 01] http：//documents. shihang. org/curated/zh/2006/02/9727476/integrated - river - basin - management - concepts - good - practice.

United States Environmental Protection Agency，2016. The great lakes [EB/OL]. [02 - 01] http：//www，epa. gov/greatlakes/atlas/glat - ch5. html.

第二章
国家层面全面推行河长制存在的问题与建议

当前，党中央确定的在全国范围内全面建立河长制的相关工作在组织体系构建、配套制度建立、工作机制创新、信息化平台建设、研究机构组建等方面取得了显著进展。河长制已成为现阶段中国进行河湖管护的综合性平台，其本质是通过强化党政领导，依法依规落实地方主体责任，协调整合各方力量，有力促进河湖健康与可持续利用。作为基于中国本土政治环境的创新，推行河长制有助于完善现有河湖管理体制，一些河湖实现了从"管不住"到"管得好"的重大转变，推动解决了一批河湖管护难题，使河湖生态环境状况得到逐步好转，公众的获得感和幸福感不断增强。

必须看到，河长制距离责任明确、协调有序、监管严格、保护有力的目标要求仍存在一定差距。深入剖析当前国家层面全面推行河长制面临的主要问题，提出对策建议，有助于推动河长制与现代河湖治理的基本机制和专业化管理制度有机衔接，以更好地服务于我国水治理体系和治理能力现代化，支撑生态文明建设全局。

第一节 文 献 综 述

目前，已有研究主要从以下两个方面展开。

第一，对河长制面临的问题进行分析并提出解决途径。任敏（2015）分析了河长制能力、组织逻辑和责任三方面的困境。刘芳雄等（2016）指出河长制非法治，未来应加强法治建设，从而推动我国治理体系和治理能力现代化建设。刘波（2016）指出河长制存在政权依赖，应创新涉水行政体制、提高涉水行政能力、完善法律体系、建立上下游对话机制。刘鸿志等（2016）认为河长制的困局体现在流域统筹较弱、资金投入不足等方面，打破困局应重视系统决策、实施一河一策、完善体制机制。李轶（2017）认为河长制在推行过程中存在顶层设计不完善、统筹协调不充分的问题，需要在理论体系、责任落实机制、监管与执法、多方参与等方面提供多渠道保障。黎元生等（2017）根据河长制运行情况，指出河长制在纵向分包治理、横向功能整合、公私合作程度方面的困境，提出深化改革、拓展公私合作领域的建议。李永健（2019）认为河长制在制度逻辑和法律依据方面存在不足，未来要强化法制、增强多元化参与。詹云燕（2019）总结了河长制在考核制度方面存在的隐患，提出要从改良内部机制和建设配套的制度环境两方面提升与完善河长制。Cai 等（2019）阐述了河长制法律地位不明确、缺乏区域合作治理的问题现状，并提出应加强国家、地方层面立法，树立流域宏观思维、推进区域协同治水。Wang 等认为河长制在法律体系、责任分工、部门协作方面仍存在问题，我国应在法律、规则、管理、公众参与等方面强化河长制保障机制（Wang 等，2019）。

第二，在河长制发展趋势方面，多数学者认为河长制未来将与其他制度协调发展，不断完善和加强。如黄爱宝（2015）认为未来河长制的权力特征将降低、法律制度和道德制度构建将逐步强化。付莎莎等（2019）从法治建设、信息对策、市场激励、环境政策和技术支持五个方面，探讨了河长制的发展趋势。赵楠芳等则从完善法治建设、破除信息壁垒、扩大规模效益、提升公共供给等方面全面剖析了河长制的未来趋势。颜海娜等（2019）基于协同治理的视角判断河长制的发展趋势，得出河长制将走向河长治的结论。但也有部分学者认为，河长制是特定历史阶段的产物，存在退出历史舞台的可能性（沈满洪，2018）。

总体来看，已有研究已经取得大量成果，但还有待进一步完善，主要体现在：一是在河长制面临的问题和对策方面，往往缺乏较为规范的逻辑分析框架；二是在河长制的发展趋势方面，缺乏对发展趋势动因的分析，且没有分短期和长期进行预测。

本书拟在已有研究的基础上，试图诠释河长制的历史变迁全貌，揭示当前河长制存在的主要问题，并提出对策建议，研判河长制可能的发展趋势，为河长制及中国河湖管理体制机制的调整提供新的思维模式和借鉴价值。

第二节　研　究　方　法

20 世纪 80 年代以来，新制度主义政治学在西方政治学研究中异军突起，日益成为一种最先进、最有解释力的分析范式，而历史制度主义（historical institutionalism）是其重要分支（Peter 等，1996），它弥补了组织学制度主义和理性选择制度主义的不足，形成了宏观结构-中层制度-微观个体的分析框架。历史制度主义试图从历史演变和制度作用角度解释社会政治现象，重视历史事件对制度变迁的特别意义，同时注重制度因素和其他因素的有机结合，具有极强的说服力。历史制度主义分析方法包含三个核心观点，即制度历史变迁过程中的路径依赖、制度历史变迁过程中的"历史否决点❶"和推动制度历史变迁的多元动因。本书借助历史制度主义分析范式，分析我国河长制的历史变迁过程，并揭示其中的路径依赖现象，发现历史变迁过程中的关键节点❷；剖析河长制发展过程中的"历史否决点"，并指出打破"历史否决点"的路径；最后，从制度主体与制度环境等动因角度预测河长制的短期和长期发展趋势（图2-1）。

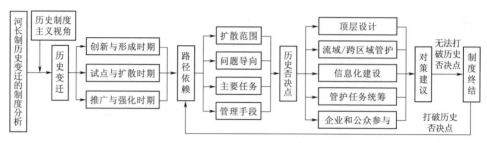

图2-1　基于历史制度主义视角的河长制分析框架

第三节　河长制历史变迁的路径依赖

根据历史制度主义的观点，制度存续期和不平衡期的反复出现，共同构成了制度历史变迁的循环过程，"关键节点"的出现是制度平衡被打破的诱因。即一项制度被创立之后，由于"较高的固定成本❸""学习效应""协调效应"和"适应性预期❹"四个方面的作用产生路径依赖（Douglass，1996），制度不断完善，效果不断增强，进入稳定发展的正常时期；而在一段时期的稳定之后，关键节点的出现打破了制度原有的平衡，使制度产生变迁。河长制的历史变迁同样符合这一规律，随着经济社会的发展，中国的水问题不断变化，河湖管护的相关主体、主要任务和管理手段均不断变化，催生了关键节点，使制度产生历史变迁。在此过程中，中国水问题种类的增多和复杂化是河长制历史变迁的重要推动力。本章以引发关键节点的扩散范围、问题导向、主要任务、管理手段等四个关键因素的变化情况作为划分依据，将河长制的历史变迁过程划分为三个阶段。

---

❶　制度执行过程中的否定性因素，使制度失败的可能性大幅提高。

❷　在相对较短的时期内，扩散范围、问题导向、主要任务、管理手段等因素使制度产生变迁的可能性大幅提高。

❸　制度制定与执行过程中投入的各类成本阻碍制度的推出，使制度倾向于固守原有路径。

❹　因为在制度执行过程中获利，制度主体预期该制度将长期存在，并不断适应制度的运行规则。

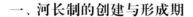

一、河长制的创建与形成期

河长制的产生不是一蹴而就的，而是基于中国河湖管护实践和本土政治环境的创新成果。河长制的产生体现了"学习效应"和"协调效应"。在河长制产生之前，我国已对防汛（全国人大常委会，1997）、抗旱（水利部办公厅，1997）、水库大坝安全（国务院，1991）、饮用水安全（国务院办公厅，2005）等涉水工作实行行政领导负责制，由行政领导对涉水部门进行协调，且取得了良好的效果。此外，中国特色社会主义最本质的特征——中国共产党的领导，决定了我国在河湖管护工作中要坚持和加强党的集中统一领导。河长制学习和传承了新中国的治水经验，同时也体现了对有关河湖管护工作进行协调的必然要求。

河长制的提出，有效缓解了水管理中层级、地区和部门的协调问题。既是地方对水问题复杂化的应对之策，也是弥补水管理体制性障碍的一种机制性措施。

二、河长制的试点与扩散期

河长制的扩散范围、问题导向、主要任务、管理手段四个方面共同构成了促使河长制历史变迁的正反馈条件，并由此呈现出路径依赖现象。一是在国家水行政主管部门推动下，河长制由浙江省扩散至 25 个省级行政区；二是河长制的重点任务由以水污染防治为主，逐步拓展至防洪、水生态修复、供水安全等其他方面；三是管理手段由单一的行政手段为主，发展至包含立法、行政和市场等多元手段。

河长制由自下而上发起和探索，发展为自上而下推动。在水利部的推广下，河长制将得到更加迅速的发展，参与各方对河长制产生"适应性预期"，使河长制进一步变迁的可能性大幅提高，这些都为河长制上升至国家层面奠定了基础。

三、河长制的推广与强化期

河长制正式上升至国家层面，成为引发河长制历史变迁的第二个关键节点。这一阶段，河长制得到进一步加强和完善，路径依赖现象依然显著，主要体现在：一是党中央、国务院决定在全国推行河长制，河长制扩散至全国 31 个省级行政区；二是解决的水问题更趋多样化；三是主要任务更为广泛；四是管理手段更加丰富，鼓励公众参与到河湖管护的工作中。

截至 2021 年 12 月，31 个省（自治区、直辖市）党委和人民政府主要领导担任省级双总河长，30 万名省、市、县、乡级河湖长年均巡查河湖 700 万人次，

90 多万名村级河湖长（含巡河员、护河员）守护河湖"最前哨"。各级河湖长积极履职，有关部门各司其职、各负其责、通力合作，形成一级抓一级、层层抓落实的工作格局。这一时期，河长制正式上升至国家层面，有关规范性文件相继出台，河长制的任务范畴更为广泛。在生态文明体制改革背景下，水管理体制改革将更突出系统性并整合到自然资源和生态环境管理体制机制中，以推进水治理体系和治理能力现代化。在此过程中，河长制成为推进水管理体制改革的一项重要抓手。

四、河长制的扩散路径

总体来看，河长制的历史变迁过程是自下而上发起，而后逐渐被基层政府认可并主动自上而下推动，是一个上下互动的动态过程。自 2007 年至今，伴随着两个关键节点的出现，河长制的历史变迁过程经历了创建与形成、试点与扩散、推广与强化三个阶段，在扩散范围、解决的主要问题、主要任务、管理手段等方面不断丰富和完善，路径依赖现象较为明显（表 2-1）。

表 2-1　　　　　　　　　　河长制制度变迁

阶段	扩散范围	水问题	主要任务	管理手段
创建与形成时期	长兴县、浙江省	水环境问题为主	组织编制并领导实施水环境综合整治规划，协调解决工作中的矛盾和问题，确保规划、项目、资金和责任落实	行政手段为主，包括制定规划、监督、管理等
试点与扩散时期	全国 25 个省级行政区	水资源、水环境、水生态、水灾害等问题	健全法规制度体系、建立规划约束机制、创新河湖管护机制、水域岸线登记和确权划界、建立占用水域补偿制度、规范涉河建设项目和活动审批、严禁涉河违法活动、强化日常巡查和检查、打击违法违规行为、加强河湖管理动态监控	立法、行政和市场手段
推广与强化时期	全国 31 个省级行政区	水资源、水环境、水生态、水灾害、水管理等问题	加强水资源保护、强化河湖水域岸线管理保护、严格河湖水域空间管控、加强水污染防治、增强水环境治理、强化水生态修复、加强执法监管	立法、行政、市场和公众参与手段

从主导方来看，河长制是自下而上发起，而后被浙江省人民政府认可，后来又被水利部作为典型经验向全国推广，直至从国家层面进行全国推行；从问题导向来看，从最开始以解决水环境问题为主，到后来解决水资源、水环境、水生态、水灾害、水管理等五种水问题；从主要任务来看，任务种类也随问题

导向而有所增加；从管理手段来看，从最初的行政手段为主，逐步开始运用立法、行政市场和公众参与等多种手段。

总体来看，河长制是基于中国本土政治环境的创新，并已成为现阶段中国进行河湖管护的综合性平台。河长制历史沿革的动因是中国水问题种类的增多和复杂化，而当时水管理体制存在的缺陷导致其应对水问题效率存在不足。河长制没有改变当时的河湖管理体制，而是通过机制创新对既有体制进行完善。

为提高河湖管理效率，河长制从协调、责任、执法、监测、督导、考评等方面进行了一系列机制性创新，其中居于核心、构成河长制本质的是"健全党政领导负责制"和"强化考核问责机制"。系统性的机制创新是河长制区别于中国传统社会水管理责任制的本质特征。这个过程是地方政府自下而上发起，而后逐渐被省级和中央政府认可并主动自上而下推动，是一个上下互动的动态过程。

第四节　存在的主要问题

河长制自诞生以来，对加强我国河湖管护发挥了巨大作用，但目前仍存在部分改革任务进展缓慢、效果不如预期等问题（张丛林等，2018），距离河湖生态环境根本改观，侵占河道、围垦湖泊、非法采砂、超标排放等违法违规行为彻底杜绝的目标（鄂竟平，2018）存在一定差距。在流域/跨区域管护、任务统筹、管理手段、考核机制等方面暴露出不足，"历史否决点"在这一过程中不断累积，将可能导致河长制制度的失败。因此，正确识别河长制历史变迁过程中累积的"历史否决点"，针对现存问题提出合理建议，有利于河长制的健全。

一、顶层设计有待进一步完善

一是奖惩机制有待健全。《关于进一步强化河长湖长履职尽责的指导意见》仅对奖惩方式作出原则性规定，缺乏可操作性。例如，未明确表彰或奖励的实施主体、流程、层级以及方式；针对履职不到位的河长或部门缺乏统一、明确的处罚措施。二是牵头负责机构有待进一步明确。针对河长办的法律授权问题，我国在《水污染防治法》中仅提及在省、市、县、乡建立河长制。而全国多数省级行政区的河长办设在水利部门，是临时机构，无法律地位，监督检查通报的权威性和震慑力有待提升，影响河湖管护工作的力度与成效。三是河长制的考核主体较为单一，目前主要为自上而下的体制内考核，缺乏第三方参与和独立科学的评估，考核工作的中立性和透明度有待加强，否则不利于提升公众参与意愿和满意度。

二、流域/跨省区域层面河长制的实现方式有待进一步明确

从问题导向来看，今后一段时间，中国河湖资源环境问题的流域和跨区域特性将愈发显著，需要对河湖实施流域和跨区域管护，而河长制尚不能完全满足这一要求。一是从跨省区域层面来看，我国河长制多以省级行政区划为界，而绝大多数跨省级河湖的河长制实现方式尚不清晰，包括工作目标、基本任务、组织体系、运行机制等，难以就跨省级河湖的管护工作进行有效协调；二是从七大流域层面来看，河长制与我国现行流域行政管理体制的衔接有待进一步加强，虽然部分流域（如太湖流域）已建立流域层面河长制的协调机制，但主要限于水行政系统内部，河长制与我国现行流域/区域管理机构，尤其是生态环境部流域监督管理局、生态环境部区域督察局等之间的协作机制有待建立健全。

三、信息化建设有待加强

一是不同层级、不同地区河长制信息化建设水平参差不齐。例如，浙江省虽已在全省建立河长制信息平台，但由于历史原因，省级和各地市河长制信息平台自成一体且难以统一，不同层级河长制信息平台间的数据共享存在困难；四川省河湖管护信息化水平较低，取水量等部分涉水数据的统计工作仍以电话查询与填表记录为主，工作效率亟待提高。二是信息化覆盖范围不足。目前，部分省份尚未实现将各类排污口、取水口、小微水体等水域基础信息全面标绘到河长制数据"一张图"上，河湖管护工作的精细化水平有待进一步提升；传统的水文、水质等监测主要集中于前端数据采集，难以满足对河湖健康状况进行实时、全过程监控的需求。

四、管护任务需进一步统筹谋划

在河长制实施过程中，管护任务的种类和数量均不断增加，需要对有关任务进行统筹安排、系统谋划，而河长制在实践中却存在违背这一要求的现象。一是部分基础性管护任务的实施进度相对滞后，影响了河湖管护总体效果的发挥。目前，大部分省份入河排污口摸底排查工作尚未完成，大量排污口的污染物类型及其来源仍未完全明确；排污许可证核发往往与水环境容量脱节；部分已完成编制的"一河一策"方案质量良莠不齐。二是治水资金来源单一，市场化资金严重不足。目前，各级治水资金主要来源于政府投资，资金不足成为各地推行河长制的重要瓶颈，由于缺少必要的制度安排，企业和社会各界对治水的资金投入严重不足。三是在全面推行河长制背景下，各级政府的治水工作力度前所未有，但也存在急于求成和不按客观规律办事的现象，甚至出现"不惜代价治水"的倾向，容易把专业化治理变成政治目标，追求"大干快上""毕其

功于一役",最后往往事倍功半。

五、企业和公众参与的范围和深度不足

企业和公众参与对于提高政府生态环境决策水平、降低生态环境保护综合成本、促进生态环境质量改善等具有重要作用。当前,政府在河长制相关工作中占绝对主导地位,此种管理模式虽然发挥了重要作用,但面临管理成本较高、保护管理成效不足等问题。一是企业主体作用发挥不足。受资金、技术、管理、知识与信息等因素制约,企业治污能力和水平有待提升;部分企业的水环境治理信息公开不及时、不全面,真实性亦有待提高。二是公众参与的范围和深度不足。虽然各地广泛发动青少年学生、企业家、妇女、老党员等参与河湖整治,但公众参与主要集中在末端环节,且多体现为水污染的治理和监督,但在公共决策、政策制定、河长会议、考核问责等方面参与较少且深度不足。公众参与缺少明确的程序性、制度性安排,相当程度上取决于河长办和有关部门的"自由裁量"。

第五节 对 策 建 议

河湖管护是一项具有长期性、动态性和复杂性的系统工程,在今后河长制工作中,既要集中力量解决好当前的突出问题,也要做好打持久战的准备,做到科学施策,久久为功。新时期,打破河长制"历史否决点"的基本路径是:以维持河湖生命健康为导向,实施流域性管护,严格考核问责,统筹谋划管护任务,实施多主体协同治理,打造"河长制"升级版,推进我国水治理体系和治理能力现代化。

一、完善河长制的顶层设计

一是细化奖惩机制。修订《关于进一步强化河长湖长履职尽责的指导意见》,由各级河长办会同各级有关责任单位组成考核组,对工作成绩突出的河长、河长办和相关部门进行通报表扬、表彰奖励等,并将其纳入省、市、县等各级政府的表彰序列,不让基层河长"流汗又流泪";对未能履行河长制工作职责的河长、河长办和相关部门,根据问题严重程度,采取提醒、约谈、通报等方式进行问责。二是建议明确河长办的法律地位。在《水污染防治法》等相关法律法规中明确各级河长办为负责河长制工作的机构,并将河长办设在各级政府办公厅(室),由成员单位配备工作人员,以进一步增强其协调力度和考核权威性,确保幸福河建设成效。三是适度扩大考核主体。对于一些关乎公众获得感的指标,可以采取组织利益相关方听取河长工作汇报、现场无记名打分等方式,使得考核过程更加透明、考核结果更为客观。

二、完善跨区域/流域协调机制

探索跨省级河长制的实现方式，使河长制成为我国现行流域管理体制的有益补充。流域层面，水利部流域管理机构、生态环境部流域监督管理局、生态环境部区域督察局等流域/区域管理机构应与流域/区域内各省级行政区河长办建立沟通协商机制，在跨行政区河湖法律法规制定、规划编制、标准制定、信息共享、联防联控、监测评估、工作督察等方面加强合作。以上述工作为基础，使河长制与我国流域管理体制更好地融合，形成中央-流域-省级三级互动、相互配合、良好衔接的流域管理新格局。

三、推进河长制信息化建设

一是完善河湖信息基础工作。加快各省份排污口、取水口、小微水体等水域空间基础信息的摸底排查及在线补充标绘工作，实现全国幸福河建设数据"一张图"管理。二是打造"河长制智能管家"。依托地理信息技术和远程视频监控，集成应用化学分析仪器和各种水质监测传感器，结合数据采集处理技术、数据通信技术，对河湖水域进行可视化管理并实现水质的实时监测，根据动态数据分析自动生成电子档案，为预警预报重大水污染事故、监管污染物排放、监督总量控制制度落实情况等提供帮助。

四、统筹谋划管护任务

一是加快推进基础性管护任务。按照水质要求重新核算不同水域的纳污能力，查清各类排污口的数量、位置，明确污染物类型及其排放来源，制定有针对性、分步骤的排污口整治方案，并与企业排污许可证核发相衔接，实现"岸上水里"彻底打通；引入第三方专业机构，对"一河一策"工作方案实施效果开展评估，根据评估发现的主要问题，进行方案修编。二是探索市场化的流域生态产品价值实现路径。充分盘活各地水资源、提升水标准、激发水优势、开发水文化，将治水红利与城市景观、特色小镇、水美村庄、文化长廊、生态田园等有机结合，营造百姓安居乐业的幸福河。三是自上而下与自下而上相结合做好资金配置工作。既发挥河长办的统筹协调作用，也尊重有关地区和部门的主观能动性，加强资金分配与任务清单的衔接匹配，并通过政府和社会资本合作等方式鼓励社会资金投入，完善资金治理结构，确保资金投入与管护任务有机统一。

五、丰富利益相关方共建河长制方式

一是完善企业主体责任。完善企业环境管理责任制度，主动公开企业污染治理设施及监测设备运行状况，自觉接受公众和社会组织监督；有关部门应综合运用黑名单制度、停产限产、追究刑事责任等手段，提高企业的环境违法成本。二是健全多方参与的全民行动体系。由相关领域专家和社会组织代表组成独立的咨询委员会，在公共决策、规划编制、政策制定、考核问责等方面为治水工作提供科学支撑；合理利用各种媒体平台，扩展公众了解和参与幸福河建设的途径和方式，主动健全公示、举报、听证、舆论和公众监督等制度。

第六节　河长制的演变趋势

今后一段时间，河长制进一步变迁的可能性依然存在。从短期和长期来看，受制度主体和制度环境影响，河长制将呈现出不同的发展趋势。

一、短期发展趋势

从短期来看，河长制于执行过程中将继续产生路径依赖，效果递增效应和自我强化趋势将愈发明显，原因主要包括以下几个方面：

从制度主体角度分析，一是制度制定者的"学习效应"。水行政主管部门将力促河长制的完善，细化相关规章制度，推动河长制向规范化和精细化方向发展；推动《水污染防治法》中河长制的相关规定进一步细化、将河长制写入《中华人民共和国水法》（以下简称《水法》）等涉水法律和地方涉水法规；针对河长制执行过程中暴露出的问题，改进制度安排。二是制度执行者的"协作效应"。鉴于河长制的推行已成定局，有关各方只有在此框架下进行合作，方能实现自身利益最大化。三是参与各方形成了"适应性预期"。自河长制全面推行以来，尽管付出了较大的制度成本，但确实使众多河流从"无人管"变为"有人管"，并在一定程度上促进了河湖水环境和水生态状况的改善，提高了公众的获得感。

从制度环境角度分析，目前河长制已被写入国家法律之中，国家和地方相关部门也针对河长制陆续出台了一系列的政策措施，该项制度逐渐为公众所熟知。河长制推广和全面建立过程中所付出的"较高固定成本"使得河长制在短期内被终结的可能性极大降低，而产生路径依赖的可能性大幅提高。

二、中长期发展趋势

从长远来看，在流域层面实行综合管理❶是国际共识，从河长制向流域综合

---

❶　在流域尺度上，通过跨部门与跨行政区的协调管理，综合开发、利用和保护流域水、土、生物等资源，最大限度地适应自然规律，充分利用生态系统功能，实现流域的经济、社会和环境福利的最大化及流域的可持续发展。

管理转型，符合未来河湖治理的需要。主要理由如下：

在制度主体方面，一是从党政领导角度来看，河长制相关工作需要各级河长付出大量时间和精力，然而担任河长的各级党政领导的法定职责较多、日常公务繁忙，在河长制这一专项工作中长期投入大量的时间和精力存在较大难度；二是从市场主体角度来看，缺少足够的企业参与，将无法为河湖管护提供充足、持续的资金保障，不利于管护工作的长期开展；三是从公众角度而言，公众进一步参与河长制的意愿如得不到满足，其河湖管护的主人翁意识得不到增强，参与热情无法得到持续激发，将影响河湖管护效果。

在制度环境方面，一是随着河湖问题的演变，河湖管护工作必须随之及时进行调整。解决河湖管护问题，需要综合考虑一个流域的自然、社会、经济和文化因素，从全局层面统筹保护与发展的关系，否则将事倍功半；二是无论是化解迫切需要解决的资源环境问题，还是转变发展方式，都需要我们长期坚持和贯彻生态文明理念。在生态文明体制改革背景下，无论是资源开发还是环境保护，都必须以流域为单元进行考虑。

参 考 文 献

陈雷，2017. 坚持生态优先绿色发展以河长制促进河长治［N］. 人民日报，03 - 22，第10 版.

鄂竟平，2018. 推动河长制从全面建立到全面见效［EB/OL］. 人民网：http：//opinion. peo-
　　ple. com. cn/GB/n1/2018/0717/c1003 - 30150833. html，07 - 17.

付莎莎，温天福，成静清，等，2019. 河长制管理体制内涵与发展趋势探讨［J］. 中国水利
　　（6）：8 - 10.

付莎莎，赵楠芳，吴向东，2019. 河长制与家庭联产承包责任制的相似性分析——兼论河长制
　　的发展趋势［J］. 水利发展研究，19（2）：35 - 39，69.

黄爱宝，2015. "河长制"：制度形态与创新趋向［J］. 学海（4）：141 - 147.

黎元生，胡熠，2017. 流域生态环境整体性治理的路径探析——基于河长制改革的视角［J］.
　　中国特色社会主义研究（4）：73 - 77.

李轶，2017. 河长制的历史沿革、功能变迁与发展保障［J］. 环境保护，45（16）：7 - 10.

李永健，2019. 河长制：水治理体制的中国特色与经验［J］. 重庆社会科学（5）：51 - 62.

刘波，2016. "河长制"不能代替流域管理［J］. 决策（9）：89.

刘芳雄，何婷英，周玉珠，2016. 治理现代化语境下"河长制"法治化问题探析［J］. 浙江
　　学刊（6）：120 - 123.

刘鸿志，刘贤春，周仕凭，等，2016. 关于深化河长制制度的思考［J］. 环境保护，44
　　（24）：43 - 46.

任敏，2015. "河长制"：一个中国政府流域治理跨部门协同的样本研究［J］. 北京行政学院
　　学报（3）：25 - 31.

沈满洪，2018. 河长制的制度经济学分析［J］. 中国人口资源与环境，28（1）：134 - 139.

熊文，彭贤则，2017. 河长制 河长治［M］. 武汉：长江出版社.

颜海娜，曾栋，2019. 河长制水环境治理创新的困境与反思——基于协同治理的视角［J］. 北京行政学院学报（2）：7-17.

詹云燕，2019. 河长制的得失、争议与完善［J］. 中国环境管理（4）：93-98.

张丛林，张爽，杨威杉，等，2018. 福建生态文明试验区全面推行河长制评估研究［J］. 中国环境管理，10（3）：59-64.

国务院，1991. 水库大坝安全管理条例［EB/OL］. 中国政府网：http：//www. gov. cn/ziliao/flfg/2005-09/27/content_70631. htm，03-22.

国务院办公厅，2015. 关于加强饮用水安全保障工作的通知［EB/OL］. 中国政府网：http：//www. gov. cn/gongbao/content/2005/content_80641. htm，08-17.

全国人大常委会，2019. 中华人民共和国防洪法［EB/OL］. 中国政府网：http：//www. gov. cn/ztzl/2006-07/27/content_347485. htm，08-29.

水利部办公厅，1997. 历次全国水利会议报告文件（1993—1997）［R］.

CAI P H，LAW S O，UNIVERSITY F N，2019. The Implementation Dilemma and Perfect Path of River Chief System［J］. Journal of Social Science of Harbin Normal University.

DOUGLASS C North，1990. Institutions，Institutional Change and Economic Performance ［M］. Cambridge：Cambridge University Press，141-146.

PETER A Hall，Rosemary C R Taylor，1996. Political science and the three new institutionalisms［J］. Political Studies，44（5）：936-957.

WANG L F，TONG J X，LI Y，2019. River Chief System（RCS）：An experiment on cross-sectoral coordination of watershed governance［J］. Frontiers of Environmental Science & Engineering，13（4）：1-3.

第三章
省级层面全面推行河长制存在的问题与建议
——以国家生态文明试验区（福建）为例

河长制于 2003 年首创于浙江省长兴县，由各级党委或政府主要负责同志担任河长，是落实河湖管理保护主体责任的一项机制性安排。2016 年 8 月，中共中央办公厅、国务院办公厅印发的《国家生态文明试验区（福建）实施方案》初步提出全面落实河长制的主要任务和基本目标，将河长制纳入福建生态文明试验区总体布局（中共中央办公厅等，2016）。2017 年 12 月，中共中央办公厅、国务院办公厅印发《关于全面推行河长制的意见》，明确全面推行河长制的总体要求、主要任务、保障措施（中共中央办公厅等，2016）。次年 2 月，福建省委、省政府出台《福建省全面推行河长制实施方案》，根据国家有关要求，对全面推行河长制的总体目标、主要任务、组织形式、工作机制等作出规定（福建省委省政府，2017）。此后，福建省部署河长制系列改革工作，探索若干可复制、可推广经验，发挥了对生态文明试验区建设全局的协调和促进作用，但也存在部分改革工作进展缓慢、效果不如预期等问题，亟待进行全面评估。

第一节　文　献　综　述

自河长制概念提出以来，针对河流法治与人治之争、河长制的法律解读、流域传统科层管理碎片化、河长制主要特点与影响因素、河长制利弊得失与创新趋势等问题，已有研究从国家、省级、地（市）级、流域等层面，通过定性研究方法，对河长制的实践情况进行评估，在得到有关结论的同时，从法律授权、管理体制、部门和区域协调、考核问责、公私合作、资金投入、公众参与等方面指出河长制面临的挑战，进而提出了有针对性的政策建议（王灿发，2009；王书明等，2011；刘鸿志等，2016；王东等，2017；刘超，2017；李轶，2017；熊文，2017；Chien 等，2018）。

总体来看，相关研究已经取得了具有借鉴意义的研究成果，但仍有待进一步完善。本书拟在前人研究基础上，在生态文明试验区建设框架下审视河长制的地位和作用，有效甄别河长制与相关政策间的逻辑联系，建立指标体系对河长制进行政策评估，发现存在的问题，提出对策建议。

第二节　研究区域与研究方法

一、研究区域

本章以福建省级层面河长制实践情况为研究对象。福建省全面推行河长制的主要内容包括：四大任务、五级体系和六项机制（福建省委省政府，2017）。其中，四大任务包括：加强水资源保护、加强水污染防治、加强水环境治理、加强水生态修复；五级体系包括：省、市、县、乡四级分别设立河长，村级设立河道专管员，省、市、县、乡四级设置河长制办公室（以下简称河长办）；六项机制包括：集中统一的协调机制、全域治理的责任机制、科学严密的监测机制、齐抓共管的督导机制、协同联动的执法机制、奖惩分明的考评机制。

目前，健全环境治理体系是福建生态文明试验区建设六大重点任务之一，它可进一步分解为完善流域治理机制等六大关键内容，而全面推行河长制是完善流域治理机制的重要组成部分（张丛林等，2017）。作为一项综合性协调机制，全面推行河长制涉及水利、发改、环保等20个部门，覆盖福建生态文明试验区建设的大部分牵头单位；作为一项重要的资源环境政策，全面推行河长制与其他多项政策存在关联，事关福建生态文明试验区建设全局（张修玉等，2015；张丛林等，2017）（图3-1）。而全面推行河长制四大任务的实施，又为福建生态文明试验区建设奠定基础和提供支撑。

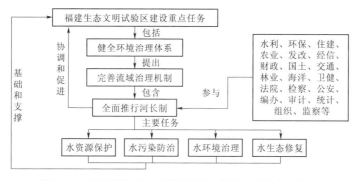

图3-1　河长制在生态文明试验区建设中的地位和作用

二、研究方法

从评估阶段看，公共政策评估可以分为预评估、过程评估和结果评估。其中，过程评估主要针对政策制定和执行阶段存在的问题而开展，其价值在于，评价结论可以用来对正在执行的公共政策进行调整和修正（宁骚，2011）。当前，《福建省全面推行河长制实施方案》仍处于执行阶段，相关问题产生的原因，既可能存在于政策制定阶段，也可能存在于政策执行阶段（邓恩，2016）。因此，对福建生态文明试验区全面推行河长制的评估属于政策过程评估，主要关注政策制定和执行阶段存在的问题。本书拟采用指标法进行评估，指标遴选的主要原则包括以下几个方面：

（1）系统性。要求评估指标有足够的涵盖面，能充分反映河长制政策制定和执行的特征，指标之间逻辑严密，层次分明。

（2）可操作性。一要充分考虑指标数据资料的可获得性；二要合理控制指标体系规模；三要兼顾指标的可量化性。

（3）动态性。要求指标具有适当的可扩展性，能够根据不同的评估对象、评估要求和评估阶段灵活地增加或删减指标。

基于上述原则，从政策制定和政策执行两个方面，建立福建省全面推行河长制评估指标体系，包括一级指标 2 个、二级指标 5 个、三级指标 39 个，并给出各级指标权重，制定相应的评估标准（表 3－1）。

表 3－1　　　　　　　　　福建省全面推行河长制评估指标体系

一级指标	二级指标	序号	三级指标	评 分 标 准
政策制定评估指标（1/2）	方案制定A（1/3）	1	改革方案（1/7）	每有一个设区市尚未出台《全面推行河长制实施方案》扣 0.1 分
		2	法律法规（1/7）	省级层面未制定河长制地方单行法规扣 0.3 分，未将河长制纳入地方性法规体系扣 0.3 分
		3	配套规章办法（1/7）	省级层面未制定河道专管员管理、河长巡查、河长会议、工作督查、信息共享、考核问责与激励奖惩等基本规章制度的，每少一项扣 0.1 分
		4	阶段性目标（1/7）	省级层面未制定 2020 年前分年度总体目标的，扣 0.3 分
		5	约束性目标（1/7）	四项主要任务中每有一项未设置约束性目标的，扣 0.1 分
		6	改革任务设置（1/7）	河长制每与其他一项生态文明试验区相关政策存在改革任务交叉重复的扣 0.1 分
		7	相关政策间衔接（1/7）	河长制与其他相关政策间逻辑不明确的，每有一项扣 0.1 分

一级指标	二级指标	序号	三级指标	评　分　标　准
政策制定评估指标（1/2）	组织形式 B（1/3）	1	部门分工（1/4）	改革任务的牵头部门及其分工不明确的扣0.3分
		2	河长（1/4）	市县乡级河长中，每少一位扣0.1分
		3	河长办（1/4）	市县乡河长办比照省级河长办架构设置，做到人员到位、集中办公、实体运作，每缺一项扣0.1分
		4	跨省协调机制（1/4）	未建立跨省河长协调机制的扣0.3分，未建立跨省级流域协调机制的扣0.3分
	考核机制 C（1/3）	1	考核牵头单位（1/5）	考核工作牵头单位不明确的扣0.3分
		2	考核内容（1/5）	考核内容不详细的扣0.3分
		3	考核时间（1/5）	考核时间节点不明确的扣0.3分
		4	评分规则（1/5）	考核评分规则未量化的扣0.3分
		5	奖惩办法（1/5）	考核结果未与有效的奖惩措施挂钩的扣0.3分
	长效执行机制 D（1/2）	1	一河一档一策（1/12）	尚未完成"一河一档一策"编制工作的扣0.3分
		2	河道岸线和生态保护蓝线划定（1/12）	尚未完成河道蓝线划定工作的扣0.3分
		3	监测预警（1/12）	尚未完成市县乡行政区交界面、干支流交界面、功能区交界面水质监测站点优化工作的扣0.3分
		4	执法队伍（1/12）	尚未建立多部门联合执法检查机制的扣0.3分
		5	人员编制（1/12）	大幅新增人员编制的扣0.3分
		6	经费落实（1/12）	各级财政落实河长制专项经费，特别是保障河道专管员补助、补贴和相关设施设备配置，存在问题的扣0.3分
		7	经验原创性（1/12）	尚未形成福建省原创经验的扣0.3分
		8	经验推广性（1/12）	尚未形成可复制、可推广经验的扣0.3分
		9	信息公开平台（1/12）	未能引导公众使用河长制App或微信公众平台参与护河管河的扣0.3分
		10	社会宣传（1/12）	未能利用报刊、广播、电视、网络等传媒推动河长制深入人心的，每缺一项扣0.1分

续表

一级指标	二级指标	序号	三级指标	评 分 标 准
政策执行评估指标（1/2）	长效执行机制D（1/2）	11	社会监督（1/12）	未能规范设置河长公示牌，在涉水政务网站设置公众参与栏，公布举报电话、意见信箱等，每缺一项扣0.1分
		12	公众参与（1/12）	公众未能充分参与政策制定、河长会议、河长履职、污染治理、污染举报，每缺一项扣0.1分
	任务完成情况E（1/2）	1	用水总量控制（1/11）	以省为单位，未达到年度目标的扣0.2分
		2	万元工业增加值用水量（1/11）	以省为单位，未达到年度目标的扣0.2分
		3	农田灌溉水有效利用系数（1/11）	以省为单位，未达到年度目标的扣0.2分
		4	节水灌溉面积（1/11）	以省为单位，未达到年度目标的扣0.2分
		5	公共供水管网漏损率（1/11）	以省为单位，未达到年度目标的扣0.2分
		6	市县污水处理率（1/11）	以省为单位，未达到年度目标的扣0.2分
		7	水功能区水质达标率（1/11）	以省为单位，未达到年度目标的扣0.2分
		8	达到或优于Ⅲ类水体比例（1/11）	以省为单位，未达到年度目标的扣0.2分
		9	黑臭水体比例（1/11）	以省为单位，未达到年度目标的扣0.2分
		10	水土流失率（1/11）	以省为单位，未达到年度目标的扣0.2分
		11	集中式饮用水水源地水质自动监测达标率（1/11）	以省为单位，未达到年度目标的扣0.2分

注　对于各级指标，0.90～1.00分为优秀、0.80～0.89分为良好、0.60～0.79分为合格、0.60分以下为不合格；括号内为指标权重，通过专家打分法确定。

三、数据来源

评估研究所需数据主要来源于实地调研、座谈访谈和文献调研。本书编委会赴福建省南平市延平区、莆田市永春县、漳州市等地实地调研流域治理、水系治理、黑臭水体治理等情况，并对各级河长办负责人、项目负责人、企业家河长、公众等开展访谈；在三明市、福州市、莆田市、泉州市、漳州市等地，召集水利、环保、发改、住建、农业、林业等有关部门负责人，就河长制推行、治水经验、黑臭水体治理等问题开展座谈；从省级层面广泛开展文献调研，主要包括：河长制地方立法、河道岸线和生态保护蓝线、会议、巡查、队伍建设、公示牌设置、工作督导检查、工作考核、验收、资金奖补、信息通报及共享等方面的规范性文件，中共中央办公厅、国务院办公厅、省"两办"、水利部刊发的福建省河长制信息，省委省政府领导批示，省河长制工作简报，以及省水资源公报、环境状况公报等。

第三节　国家生态文明试验区（福建）河长制评估结果

邀请相关领域专家结合福建省全面推行河长制实际情况对各级指标进行评分，可知：总体来看，福建省全面推行河长制总分为 0.90 分，评估结果为优秀，相关工作快速推进，已经取得许多阶段性成果，正步入全面深化改革的关键时期。

从一级指标评估结果来看，政策执行阶段总体好于政策制定阶段，而政策执行阶段出现的问题，其根源往往在政策制定阶段，且各阶段不同问题之间，又存在关联性。

从二级指标得分来看，在组织形式、考核机制、任务完成情况三个方面评估结果为优秀，长效执行机制评估结果为良好，方案制定的评估结果则仅为合格（图 3-2）。

从三级指标得分来看，评估结果为优秀、良好和合格的指标分别占 71.79%、0.00% 和 25.64%，优良率为 71.79%（见表 3-2）。评估结果为合格的指标主要包括 A2、A4、A6、B4、D1、D2、D3、D5、D6 和 D12；评估结果为不合格的指标为 A7。

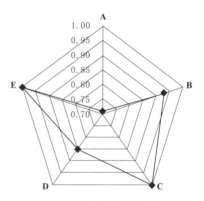

图 3-2　二级指标得分情况

表 3-2　　　　　三级指标得分情况

三级指标	A1	A2	A3	A4	A5	A6	A7	B1	B2	B3	B4	C1	C2
得分	1.00	0.70	1.00	0.70	1.00	0.60	0.00	1.00	1.00	1.00	0.70	1.00	1.00

三级指标	C3	C4	C5	D1	D2	D3	D4	D5	D6	D7	D8	D9	D10
得分	1.00	1.00	1.00	0.70	0.70	0.70	1.00	0.70	0.70	1.00	1.00	1.00	1.00

三级指标	D11	D12	E1	E2	E3	E4	E5	E6	E7	E8	E9	E10	E11
得分	1.00	0.70	1.00	1.00	1.00	1.00	1.00	1.00	1.00	1.00	1.00	1.00	1.00

第四节　主要机制创新

一、创新集中统一的协调机制

（1）坚持河长巡河查河。福建省出台了《福建省河长巡查工作制度》，省级河长率先巡河、市级河长一季一巡查、县级河长一月一巡查、乡级河长一周一巡查。全省 4973 名河长通过巡河查河，直观了解有关情况，及时发现、处置有关问题，并建立了河长会议制度，协调解决全局性、系统性问题。

（2）合力运作河长办。省级河长办由 12 个部门组成，8 个成员单位还选派人员到河长办挂职、两年一换，所有人员集中办公、混合使用、联合作战。市县乡参照省级做法，建立相应运行机制。这种部门联席会商、联合办公的运作模式，实现了部门信息共享、资源共用、力量整合。

二、创新全域治理的责任机制

（1）加快突出问题整治。细化实化水资源保护、水污染防治、水环境治理、水生态修复目标任务，针对监测调查、群众反映、督查发现的突出问题，开展专项整治。开展清理河道违章、生猪养殖污染、城市黑臭水体等三个专项行动。全省已清理河道违章建筑 1005 处 29.6 万 m²、清理弃土弃渣 625 处 38.8 万 m²、洗砂制砂场 371 处 38.0 万 m²、餐饮娱乐等场所 54 处 2.6 万 m²；关闭拆除禁养区养殖场（户）11515 家 240.82 万头、可养区存栏 250 头以下养殖场（户）6328 家 82.45 万头，完成可养区存栏 250 头以上养殖场（户）标准化改造 580家；清理城市黑臭水体 86 条，其中完工 47 条。

（2）开展综合治水试验。依托河长制工作平台，以区域为单元，统筹整合各部门涉水涉河项目、资金，系统推进河流水系保护开发管理等工作，充分发挥整体、规模效益。目前，通过竞争立项，永春、漳平、沙县、荔城等 4 个县市区正在开展综合治水试点，项目总投资 128.6 亿元，总体进展顺利。

（3）推进 PPP（Public - Private Partnership，政府和社会资本合作）模式治水。将治水治污项目打包捆绑，通过 PPP 模式吸引社会资本进行治理。目前，福州市内河水系治理、南平水美城市、漳州台商投资区水环境综合治理、晋江市下游生态整治工程（一期）、龙岩市 4 个县（区）乡镇污水处理厂网一体化等20 多个项目落地建设，总投资 222 亿元，既解决了资金缺口问题，又提升了建后运营管理水平。

（4）配设河道专管员。按照"县聘用、乡管理、村监督"原则，每个村（居）配设村级河道专管员，承担河道日常巡查、配合现场执法、协助调处水事

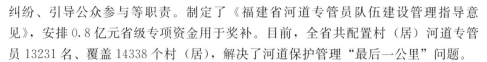

纠纷、引导公众参与等职责。制定了《福建省河道专管员队伍建设管理指导意见》，安排 0.8 亿元省级专项资金用于奖补。目前，全省共配置村（居）河道专管员 13231 名、覆盖 14338 个村（居），解决了河道保护管理"最后一公里"问题。

（5）实施河道管养分离。健全河道管理养护体系，全面提高河道管理养护水平。厦门市聘请了 31 支 379 人的专业养护队伍，每年安排 3881 万元经费，负责全市 9 条河流 465km 河道保洁管护。南安市成立河流管养中心，配置人员 21 名、配备船只、无人机等，对辖区内流域面积 50km^2 以上的 12 条河流进行立体化巡查管护。永春县针对城区、乡村河道特点，实行差别管养分离，城区采取政府购买第三方服务，组建专业保洁队伍，建立 24 小时保洁机制；乡村推行"整体打包＋购买服务"，由专业保洁公司承包岸上水上双线保洁，做到无盲区、全覆盖。

三、创新协同联动的执法机制

（1）注重立法保障。《福建省水资源条例》（2017 年 7 月 21 日福建省第十二届人民代表大会常务委员会第十三次会议通过）中，明确全面推行河长制，建立健全省、市、县、乡河长责任体系，通过立法把河长制从改革实践提升到法规层面。

（2）衔接行政执法与刑事司法。省高级法院、检察院、水利厅等 11 个单位联合出台《关于加强生态环境资源保护行政执法与刑事司法工作无缝衔接意见》，探索生态环境资源保护行政执法与刑事司法无缝衔接机制。泉州市县两级设立河道检察官工作室，聘任检察干警担任河道检察官，挂钩联系河长制工作，重点督办了 28 件涉河涉水违法行为。永泰县设立了生态环境审判庭、生态环境巡回审判点，目前已办结各类生态环境案件 56 件。

（3）开展综合执法。集中水利、国土、环保等部门生态环境行政处罚权，着力解决生态环境保护工作中部门职能重复、交叉和执法权责不一等问题。大田县成立生态综合执法局，并组建生态执法司法联动协调小组，有效提升执法权能和效率；龙岩市配置市县乡三级"河道警长"，与"河长"全配套，协助开展河道整治 593 次、环境整治执法行动 413 次；永春县组建"生态警察"中队，查办了 23 起破坏河道违法案件，有效提升了河道执法能力和震慑力。

四、创新科学严密的监测机制

（1）优化水质监测站点。组织省水利、环保、海洋渔业部门，对现有水质监测点位进行分析研究，按照不重复建设、信息共享、加密界面的原则，优化水质监测站点，新增 3 个县级、731 个乡镇级和 136 个水库点位，年内可实现市县乡三级行政交界断面监测全覆盖，为加强水质监管、细化目标任务、分清上下游责任、严格考评考核奠定基础。

（2）动态掌握河流本底。组织编制"一河一档一策"，目前，印发了编制指南，开展了培训，摸清河流水质水环境、纳污能力、入河排污口分布、主要污染源等基本情况，并动态更新，提高河流治理管护的精准施策水平。

五、创新齐抓共管的督导机制

（1）强化工作督导检查。各级河长制办公室坚持一季一督查，牵头组织相关部门开展督导检查；采取"一市一单"，通过通报、挂牌督办、约谈、问责等方式，跟踪开展重大涉河项目专项稽查。2017 年以来，省河长办采取联合省效能办、配合水利部及太湖流域管理局、会同省生态环境厅、单独开展等方式，开展 11 次督查；泉州市委托第三方，采取"不发通知、不打招呼、不听汇报、不用陪同接待、直奔基层、直插现场"的方式，每月对 6 条市管河流固定检查，县管河流随机抽查，逐月通报。

（2）广泛发动社会参与。省河长办分别与团省委、省教育厅、省妇联、省工商联，联合开展大学生暑期"河小禹"、青少年学生"四个一""巾帼护河""企业家河长"行动。全省 67 所高校 110 支实践队 1346 名志愿者，深入全省 84 个县（市、区）开展"河小禹"系列活动。莆田市百威英博集团主动担任"企业家河长"，认养多处河段，协助开展河流整治；建宁县 12 名"企业家河长"在行使监督工作的同时，每位捐资 10 万元，作为河道专管员经费。龙岩市在"巾帼护河"行动中，发放河长制宣传单 3 万余份，制止向河流乱丢乱倒垃圾弃土 1000 多次。周宁、沙县等地聘请环保热心人士、老党员、老同志担任"民间河长""老人河长"、义务河道专管员；福清市开展了万人巡河清障活动。

（3）自觉接受群众监督。出台《福建省河长公示牌规范设置指导意见》，明确了省市县乡四级河长公示牌的公开内容、设置点位和管护事项，要求在公示牌中公布河长姓名职务、河长职责、整治目标、监督电话等，方便群众监督举报。同时，在省市县水利部门门户网站上设置专栏、投诉举报信箱，公布微信公众号。

六、创新奖惩分明的考评机制

（1）实行年度考核。出台了《福建省河长制工作考核制度》，明确了考核对象、考核内容、考核方式、评分办法。注重考核结果运用，将河长制考核评价纳入 9 市 1 区效能考核和领导干部自然资源资产离任审计，列入生态保护长效机制，对考核结果优秀的实施正向激励，不合格的予以通报问责。

（2）注重日常考评。省河长办建立了河长制工作通报制度等，强化各地河长制日常工作的督促检查。厦门市将全市 9 条主要溪流所在的区、镇两级河长全部纳入河长制考核对象；泉州市对各县（市、区）落实河长制及河流保护管理情况进行"月考评、月评分、月通报"，考评结果与"以奖促治"挂钩；龙岩市实行末位约谈、红黄牌预警、责任追究等制度；福安市对乡镇河长制工作实行一月一考评，考评结果在新闻媒体公开通报，对考核综合排名末位的乡镇河长进行约谈。

第五节　存在的主要问题

一、相关法律法规对河长制授权不足

从国家层面来看，《水污染防治法》虽然已有部分河长制相关内容，但法律授权仍然不足，对河长的设立、职责等缺少规定，尤其是没有将河长制纳入水资源保护、河湖水域岸线管理保护、水污染防治、水环境治理、水生态修复的监管体系。在福建省级层面，虽然已将河长制纳入《福建省水资源条例》（A2指标），但相关规定仍较为原则，各级河长的职责尚不清晰，尚未将福建省和全国其他地区全面推行河长制的成功实践进行总结、凝练，上升为地方性法规。

二、相关政策间缺乏总体安排

河长制与生态文明试验区建设背景下其他相关政策间逻辑不够明晰。一是不同政策的改革任务之间存在不同程度的交叉重复（A6指标）。囿于部门职能交叉和缺乏顶层设计，河长制与生态保护红线划定、按流域设置环境监管和行政执法机构试点、自然资源资产负债表编制、领导干部自然资源资产离任审计等政策在河道岸线和河岸生态保护蓝线划定、流域管理议事协调机制设立、河流本底数据调查等方面存在改革任务的交叉、重复，有关涉水部门倾向于将自身职能嵌入不同的改革方案中，借此获得更多改革配套资源，提升自身在河湖管理中的话语权。二是相关政策间衔接不良（A7指标）。河长制与生态文明试验区框架下其他多项政策存在关联性（表3-3），但缺乏统筹安排，逻辑关系不甚清晰，改革先后次序不够优化，浪费了大量改革资源，往往起到"事倍功半"的效果，影响了人民群众获得感。

表3-3　　　生态文明试验区建设背景下与河长制相关的其他政策

相关政策	牵头部门	河长制的相关改革任务
生态保护红线划定（a）	环保、发改	落实空间管控，构建科学合理岸线格局，加强河流水域岸线管理保护
流域生态保护补偿机制（b）	环保、财政、林业、水利	完善生态保护补偿机制

续表

相 关 政 策	牵头部门	河长制的相关改革任务
最严格水资源管理制度（c）	水利	落实最严格水资源管理制度……实行水资源消耗总量和强度双控行动，严格水功能区管理监督
按流域设置环境监管和行政执法机构试点（d）	环保	省、市、县、乡四级设置河长办……负责河长制组织实施的具体工作，开展综合协调、政策研究、督导考核等日常工作，协调组织执法检查、监测发布和相关突出问题的清理整治等工作
海洋环境治理机制（e）	海洋	省海洋渔业厅负责渔业水环境质量监测和水产养殖污染防治工作
农村环境治理体制机制（f）	环保、住建、农业	推进小流域及农村水环境整治；加强农村小微河道"毛细血管"治理
省以下环保机构监测监察执法垂直管理（g）	环保	河长协调解决重大或突出问题；河长办协调组织执法检查、监测发布和相关突出问题的清理整治等工作
环境资源司法保护机制（h）	法院、检察、公安、环保	研究制定河长制法规规章，进一步完善行政执法与刑事司法衔接机制
环境信息公开（i）	环保	对监测发现的情况，由河长办和相关职能部门同时向有关方面通报发布
水流产权确权登记（j）	水利、国土	省水利厅加强河流划界确权
自然资源资产负债表编制（k）	统计	实行"一河一档"
领导干部自然资源资产离任审计（l）	审计	考核结果纳入领导干部自然资源资产离任审计
党政领导干部生态环境损害责任追究（m）	组织、监察	总河长由省政府主要领导担任，负责领导全省河长制工作；市县乡级河长由党委或政府主要领导担任，负责领导本行政区域内河长制工作
湿地保护与修复（n）	林业	省林业厅指导、监督湿地保护与修复工作

三、跨省级协调机制有待完善

虽然福建省已经与广东省就跨境水环境保护进行了有益探索，但福建省全面推行河长制是以省级为界限的（B4 指标），而与相邻省份之间如何就河长制的主要任务、组织体系、工作机制等进行对接，以及省级和跨省级河长制与我国现行的流域管理机构之间关系的协调问题，依然有待进一步构建机制予以应对。

四、相关改革任务缺乏统筹协调

福建省全面推行河长制的相关改革任务间缺少统筹谋划，往往以难易程度决定任务执行的先后次序，容易忽视不同任务间的有机联系，在年度改革工作

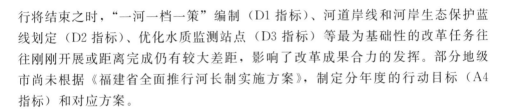

行将结束之时，"一河一档一策"编制（D1 指标）、河道岸线和河岸生态保护蓝线划定（D2 指标）、优化水质监测站点（D3 指标）等最为基础性的改革任务往往刚刚开展或距离完成仍有较大差距，影响了改革成果合力的发挥。部分地级市尚未根据《福建省全面推行河长制实施方案》，制定分年度的行动目标（A4 指标）和对应方案。

五、河流管护手段的专业化、自动化和精细化程度不足

当前，福建省、市、县、乡共有 4973 名河长、13231 名河道专管员，在落实每条河流都有河长，每个河段都有专管员的同时，增加了若干人员固定编制（D5 指标），加重了财政负担，经费保障存在困难（D6 指标），自动化和精细化管护手段严重不足，长效管护机制尚未建立。

六、利益相关方参与形式较为单一

虽然福建省广泛发动青少年学生、企业家、妇女、老党员等参与河流整治，但利益相关方参与主要集中在末端环节，多体现为水污染的治理和监督，但在政策制定、河长会议、河长履职尽责等方面，参与较少（D12 指标）。

第六节 对 策 建 议

一、加强河长制立法的相关工作

应按照依法治水的有关要求，将河长遴选、河长办设置、河长法律责任等规范河长制的相关内容列入《水污染防治法》《中华人民共和国环境保护法》（以下简称《环境保护法》）《水法》等涉河、涉水法律法规，特别应将河长制纳入河流管护的监督体系，并在不同法律法规中保持高度一致，明确全面推行河长制的相关要求。福建省应结合自身实践，制定"福建省河长制规定"，详细规定以下内容：各级河长办的职责、河长分级体系架构、各级河长的职责、利益相关方参与方式、评价考核机制等。

二、协调、衔接河长制及相关政策

建议国家层面重新梳理河长制与其他相关政策间的逻辑关系，将重复或交叉的改革任务进行清理、简化、整合或重新设置，以节约改革资源，降低改革成本，凝聚改革共识，增强政策体系的系统性、完整性和协调性，最大限度发挥政策合力。

福建省级层面应树立"改革一盘棋"的思维，应充分认识到河长制是一项

关乎福建省生态文明试验区建设全局的基础性协调机制，应将全面推行河长制与其他相关政策有机联系起来，增强政策体系的系统性、协调性，召集相关政策的牵头部门进行协商，优化、协调相关政策的改革进度。在甄别生态文明试验区建设背景下河长制与其他政策相关性的基础上（表3-3），将政策过程划分为政策问题与议程设定、政策方案制定与抉择、政策执行、政策评估、政策终结，分别从各阶段给出了河长制需要加以协调和衔接的相关政策（图3-3）。

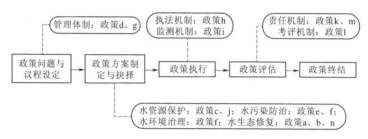

图 3-3 河长制与相关政策的逻辑联系

三、探索跨省级河长制的实现方式

建议福建、广东两省以已签订的《关于汀江—韩江流域上下游横向生态补偿的协议》为契机，探索建立由六大机制组成的汀江—韩江流域河长制。重点任务包括：一是统一协调，由水利部珠江水利委员会牵头，福建、广东两省总河长任召集人，召开两省相关部门领导参加的汀江—韩江流域河长联席会议，协调解决全局性重大问题；二是统一规划，基于国家《重点流域水污染防治规划（2016—2020年）》，制定流域水污染防治规划；三是统一责任，严格执行《汀江—韩江流域上下游横向生态补偿实施方案》（张捷等，2016）；四是统一监测，按照统一的监测要求、监测方法和监测标准，整合已有省控、市控监测点位，组建统一的流域水环境监测网络；五是统一监管，由两省相关部门组织进行联合执法督察。

四、统筹安排河长制相关改革任务

重新梳理福建省全面推行河长制任务清单并加以细化，甄别各项任务的逻辑关系和难易程度，制定2018—2020年分年度改革目标和行动方案，加快"一河一档一策"编制、河道岸线蓝线划定等基础性任务的执行进度，明确各项改革任务的责任人和时间节点，确保如期取得实效，增强全面推行河长制的系统性、整体性，也为考核评价奠定基础。

五、构建河流管护长效机制

综合考虑山水林田湖生态系统完整性，根据生态系统服务价值，建立和完善流域横向生态补偿机制，扩充补偿资金来源，部分用于河流管护。各地（市）、县应根据自身实际情况，进一步加密河道水质监测断面，缩短监测周期，综合运用卫星遥感、无人机、机器人等手段，对河道进行定期或不定期监测，由专业人员对监测数据进行在线分析，发现问题及时解决，在减轻管护人员负担的同时提升管护效果。

六、丰富利益相关方共建河长制方式

各地（市）在制定河长制相关政策性文件和规划的过程中，应充分征求有关各方意见，进行修改完善。河长会议召开期间，应邀请各利益相关方代表参加，鼓励其提出意见和建议（张金玉等，2013）。河长办应将河长履职情况和考核结果及时公开，鼓励社会各界进行监督。

第七节　结　论　与　展　望

作为一项综合型协调机制，全面推行河长制事关福建生态文明试验区建设全局。当前，福建省全面推行河长制总体评估结果为优秀，有关工作快速推进，已经取得许多阶段性成果，正步入全面深化改革的关键时期，但也面临一系列亟待解决的问题。必须从生态文明试验区建设的高度看待和解决这些问题，应以全面推行河长制为重要抓手，在维护河流健康生命、实现河流功能永续利用的同时，着力增强相关政策体系的系统性和协同性，促进福建生态文明试验区建设。

由于地市级和县级相关数据搜集难度较大，本次评估主要聚焦于省级层面。下一步拟在现有基础上，从地市级和县级层面对河长制实践情况进行评估，通过比较发现区域差异，分析差异产生的原因，为不同区域提出有针对性的对策措施。

参　考　文　献

福建省委，省政府，2017. 福建省全面推行河长制实施方案［EB/OL］. 福建水利信息网：ht-
　　tp：//www. fjwater. gov. cn/jhtml/ct/ct _ 3481 _ 252379，03 - 03.
李轶，2017. 河长制的历史沿革、功能变迁与发展保障［J］. 环境保护，45（16）：7 - 10.
刘超，2017. 环境法视角下河长制的法律机制建构思考［J］. 环境保护，45（9）：24 - 29.

刘鸿志，刘贤春，周仕凭，等，2016. 关于深化河长制制度的思考［J］. 环境保护，44（24）：43-46.

宁骚，2011. 公共政策学［M］. 北京：高等教育出版社.

王灿发，2009. 地方人民政府对辖区内水环境质量负责的具体形式——"河长制"的法律解读［J］. 环境保护，(9)：20-21.

王东，赵越，姚瑞华，2017. 论河长制与流域水污染防治规划的互动关系［J］. 环境保护，45（9）：17-19.

王书明，蔡萌萌，2011. 基于新制度经济学视角的"河长制"评析［J］. 中国人口. 资源与环境，21（9）：8-13.

威廉·N·邓恩，2016. 公共政策分析导论［M］. 北京：人民大学出版社.

熊文，彭贤则，2017. 河长制 河长治［M］. 武汉：长江出版社.

张丛林，乔海娟，董磊华，等，2017. 水生态文明制度体系框架研究［J］. 水利水电科技进展（5）：28-34.

张捷，傅京燕，2016. 我国流域省际横向生态补偿机制初探——以九洲江和汀江-韩江流域为例［J］. 中国环境管理（6）：19-24.

张金香，王德轩，2013. 环境影响评价中的公众参与机制研究［J］. 中国环境管理，5（6）：23-26.

张修玉，李远，石海佳，等，2015. 试论生态文明制度体系的构建［J］. 中国环境管理（4）：38-42.

中共中央办公厅，国务院办公厅，2016. 关于全面推行河长制的意见［N］. 人民日报，12-12（001）.

中共中央办公厅，国务院办公厅，2016. 国家生态文明试验区（福建）实施方案［N］. 光明日报，08-23（006）.

CHIEN S S, HONG D L，2018. River leaders in China：Party-state hierarchy and trans-boundary governance［J］. Political Geography，62：58-67.

第四章
如何完善河长制——基于与流域综合管理比较的视角

当前，河长制已成为我国进行河湖管护的综合协调平台，其目的是将各部门、各地区统筹协调起来，共同管理和保护河湖（鄂竟平等，2018）。河长制面临一系列问题有待解决，这些问题直接制约了我国河湖管护效果的进一步提升。河长制是一种中国语境下的提法，国际上并无此称呼，世界主要国家的跨区域、跨利益相关方河湖管理协调政策主要是流域综合管理。总体来看，在管理机构、组织形式、工作机制、公众参与、行动依据、政策环境等方面，河长制与流域综合管理存在明显差异（Hooper B，2005；杨桂山等，2006；中共中央办公厅等，2016）。而二者在协调解决河湖面临的水资源、水环境、水生态等问题中均发挥了巨大作用。二者的具体差异是什么？中国为何会实施不同于流域综合管理的河湖管护协调政策？河长制应如何借鉴流域综合管理政策进行发展完善？对这些问题的回答，不仅关乎对河长制的理解，还直接影响未来我国河长制的走向以及河湖管护的成效。

第一节 文 献 综 述

一、政策定义

河长制的核心是实行党政领导特别是主要领导负责制，基本做法是由各级党政主要负责人分级担任各自辖区内河湖的河长，以河湖涉水法律法规为依据，对各项涉水事务进行目标分解、分级传递，并通过严格的考核机制予以奖惩。

流域综合管理是政府、企业、公众等主体运用法律、行政、市场等手段，对流域内资源、环境、社会实行统筹协调管理，以促进流域可持续发展和公共福利最大化（杨桂山等，2006）。

二、政策起源与扩散

河长制与流域综合管理皆因特定水问题而产生，并不断发展完善。在政策

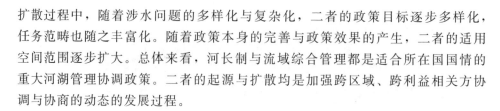

扩散过程中，随着涉水问题的多样化与复杂化，二者的政策目标逐步多样化，任务范畴也随之丰富化。随着政策本身的完善与政策效果的产生，二者的适用空间范围逐步扩大。总体来看，河长制与流域综合管理都是适合所在国国情的重大河湖管理协调政策。二者的起源与扩散均是加强跨区域、跨利益相关方协调与协商的动态的发展过程。

（一）河长制的起源与扩散

第一个阶段：创建与形成期。河长制起源于浙江省长兴县。21世纪初，全县的村镇之间河湖治理时间不同步、标准不统一，责任主体不明确，河湖面貌持续恶化。2003年6月，长兴县印发河长制政策，公布河长名单及其职责。

第二个阶段：试点与扩散期。通过对长兴经验的效仿和借鉴，河长制逐步延伸至浙江全省以及全国大部分地区。2014年，水利部印发《关于加强河湖管理工作的指导意见》，鼓励各地推行河长制。截至2017年年底，全国共有25个省份开展了河长制探索。

第三个阶段：推广与强化期。2016年12月，中共中央办公厅、国务院办公厅印发《关于全面推行河长制的意见》，河长制正式上升至国家层面。2017年，河长制正式写入修订后的《水污染防治法》。2018年1月，中共中央办公厅、国务院办公厅印发《关于在湖泊实施湖长制的意见》，将湖泊水域空间管控纳入河长制任务范畴。截至2018年6月，全国31个省（自治区、直辖市）已全面建立河长制。此后，河长制被相继纳入黄河流域生态保护和高质量发展战略、《中华人民共和国长江保护法》与《"十四五"规划和2035年远景目标纲要》，河长制部际联席会议制度得到调整完善，河长制相关工作得到进一步加强。

在生态文明体制改革背景下，河长制通过开展一系列机制性创新，在立法、规划、跨区域统筹、跨部门协调等方面得以进一步强化，直接服务于国家重大流域和区域发展战略，推动实现高质量发展和高水平保护。

（二）流域综合管理的起源与扩散

流域综合管理发展的第一个阶段：单一目标管理阶段。进入18世纪，特别是工业革命后，英国等西方发达国家的人口快速增加，工业飞速发展，用水量激增，水资源短缺现象日益突出，流域管理任务主要是水资源数量调查与分配（Hooper B，2005），这种情况一直持续到20世纪30年代。

流域综合管理发展的第二个阶段：由以水土保持为主要目标向统一管理过渡的阶段。随着科技的发展，人们逐渐意识到过度开垦、乱砍滥伐等人类活动引起的土壤侵蚀是土地退化的主要原因，而土壤变化趋势与流域水文过程密切相关，又是水质退化的主要原因。自20世纪30年代起，逐步开始了以水土保持为主要目标的流域管理（Hooper B，2005）。至20世纪50年代，开始对流域防洪、供水、航运、发电等进行统一规划和管理。这一阶段，世界主要国家相继成立了流域管理机构、制定了有关水土保持等法律法规。

流域综合管理发展的第三个阶段：各要素一体化综合管理的阶段。人口数量的增长、经济的快速发展，导致人们过度开发利用自然资源，引起水质下降、土地退化、资源枯竭以及生物多样性降低等问题。20世纪80年代，澳大利亚、美国、英国等发达国家普遍认识到解决上述问题的有效途径是以流域为单元对自然资源、生态环境和社会发展进行一体化综合管理。必须指出的是，基于西方治理理论的流域综合管理通常否认政府是流域管理的唯一中心，认为政府、市场和社会应共同承担流域管理的责任，非政府部门、民营部门都可以提供流域公共服务，弥补政府不能或者不便于承担的部分流域管理职责。这一阶段，流域管理的法律、政策和体制均有了长足的发展，推动流域综合管理向科学化、规范化方向进一步发展。

通过比较可以发现，流域综合管理与河长制的提出，都不是一蹴而就的，而是伴随着特定的问题而提出，并伴随问题的变化经历了一定的发展演变过程。相较于流域综合管理，河长制的提出时间较晚，且问题导向主要聚焦于"水"。此外，政策背景的差异，决定了我国的河湖管理协调工作应在党的集中统一领导下，对现有管理体制进行完善，加强法治保障，推动多元参与（表4-1）。

表4-1　　　　　　　　　流域综合管理与河长制的主要发展阶段

	阶　　段	水　　问　　题	主　要　任　务
流域综合管理	单一目标管理阶段	水资源短缺	满足水资源供求关系
	由单一目标向统一管理过渡阶段	土地退化、水质恶化	对水土保持、防洪、水资源供应、航运、发电和旅游等进行统一规划和管理
	各要素一体化综合管理阶段	水质下降、土地退化、资源枯竭、生物多样性下降	以流域为单元对自然资源、生态环境和社会发展进行一体化综合管理
河长制	创建与形成时期	水环境问题为主	组织编制并领导实施水环境综合整治规划，协调解决矛盾和问题，确保规划、项目、资金和责任的落实
	试点与扩散时期	水资源、水环境、水生态、水灾害等问题	落实河湖管护主体、责任和经费，实现河湖管理全覆盖
	推广与强化时期	水资源、水环境、水生态、水灾害等问题	水资源保护、河湖水域岸线管护、河湖水域空间管控、水污染防治、水环境治理、水生态修复、执法监管

三、相关研究进展

目前，已有的相关研究成果主要体现在以下三个方面。

（1）政策比较对象。已有研究将河长制与库布齐沙漠的修复治理、三江源垃圾治理等环境治理模式（李胜等，2019）和"一提一补"及"用水户协会"等水治理政策（王亚华等，2020）进行比较；还有研究对不同省份（胡皓达，2017；廖溢文等，2020）或同一省份中城乡（王乐，2018）的河长制实施状况进行比较。

（2）政策比较方法。已有的政策比较方法以定性比较分析为主，主要方法包括：基于政策过程理论（王亚华等，2020）和"过程-结构"视角（李胜等，2019）的框架性比较方法；定性的案例对比分析方法（张菊梅，2014；徐慧芳等，2016；宋国君等，2018；李雯等，2020）。

（3）政策比较结论。通过政策比较，得出如下结论：我国河长制采用自下而上和自上而下相结合的双轨治理机制，在改善地方水环境中起着举足轻重的作用（Ouyang等，2020；Li等，2020）；由于各地实际情况不同，各省份河长制在会议机制的组织结构（胡皓达，2017）、河长人数和职位设置（王乐，2018）、建设投入、政策方针、整治措施、下属市县及城乡的落实情况等方面有所差异（廖溢文等，2020）；且河长制扩散过程中存在不同类型的组织退耦现象（熊烨等，2020），扩散结果及政策效果存在差异（王亚华等，2020）。

总体来看，已有研究已经取得了诸多成果，但还有待进一步完善，主要体现在：①在比较对象方面，鲜有将"河长制"与"流域综合管理"进行系统比较的研究报道；②在比较方法方面，往往缺乏系统性的政策比较理论框架；③在比较结论方面，缺乏将河长制与流域综合管理进行比较，进而提出完善河长制的相关建议。

第二节　研　究　方　法

目前，对河湖管护协调政策的比较，还未形成统一的研究框架。其原因主要是：一方面，河湖管护协调政策的政策系统中涉及较为复杂的政策主体、政策客体以及政策环境；另一方面，同一政策的政策系统可能随时间和地区的变化而存在一定差异。研究方法的规范化有助于提高政策比较结果的逻辑性与科学性，政策差异为政策之间的相互借鉴提供了可能，作为本土政策环境创新的河长制，迫切需要借鉴流域综合管理政策进一步完善。鉴于此，本书尝试建立一个政策比较框架，基于公共政策学的基本原理，对中国河长制与流域综合管理进行比较研究，通过分析二者差异，为解决河长制存在的问题提供建议。

政策的主要特征体现在政策目标、代理人（政策执行者）以及政策间的联系（即政策工具或手段）等三个方面（Schneider等，1988；Peters，2000）。其中：①政策目标指河湖管护协调政策预期达到的效果，是政策的基础和前提；②政策执行者可以是地方行政组织、第三方机构和公众等组成的共同体，负责落实河湖管护协调政策以达到政策目标（O'Toole，1986；Ergas，1986）；③政策工具是实现政策目标的各种手段。据此，本书构建了以"政策目标-政策执行者-政策工具"为导向的河湖管护协调政策比较框架（图4-1）。

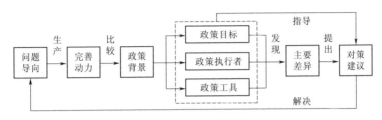

图4-1 政策比较框架

第三节 存在的主要问题

河长制自诞生以来，对加强我国河湖管护效果发挥了巨大作用，但目前仍存在部分改革任务进展缓慢、效果不如预期等问题（Zheng等，2020；张丛林等，2019），与侵占河道、围垦湖泊、非法采砂、超标排放等违法违规行为彻底杜绝、河湖生态环境根本改观的目标（鄂竟平，2018）相比，仍存在一定差距。总体来看，河长制在政策目标、政策工具、政策执行者等方面暴露出不足。

一、政策目标方面存在的问题

政策目标设置的科学性和可执行性有待进一步提高。在全面推行河长制背景下，各级政府的治水力度前所未有，但也存在急于求成和不遵循客观规律的现象，甚至出现"不惜代价治水"的倾向。例如，有的县市，年财政收入不足15亿元，年度治水预算却超过15亿元（张丛林等，2019；沈满洪，2018）。如果将专业化治理变成政治目标，追求"大干快上""毕其功于一役"，最后往往事倍功半。

二、政策执行者方面存在的问题

流域/跨区域河湖管护机制有待健全，多方参与的广度和深度仍显不足。主要体现在以下三个方面。

（1）河长制尚未完全融入现行的流域生态环境管理体制。跨界河湖管护主要以省级行政区域为单元，尽管部分省份建立了跨省河湖联防联控协作机制，但对于大江大河而言，区域的分片治理、属地治理、包干治理与流域的整体治理、系统治理、协同治理之间仍然存在一些矛盾（唐见等，2021），河长制与生态环境部流域派出机构、生态环境部区域督察机构、国家自然资源督察机构等流域/跨区域资源环境监管机构之间的协作机制有待建立健全。

（2）企业主体作用发挥不足。受资金、技术、管理、知识与信息等因素制约，企业治污能力和水平有待提升；部分企业的涉水生态环境治理信息公开不及时、不全面，真实性也有待提高。

（3）多方参与的范围和深度不足。公众在行政决策、政策制定、考核评估等方面参与较少。公众参与往往取决于河长办和有关部门的"自由裁量"，缺少程序性安排（Zheng等，2020）。

三、政策工具方面存在的问题

市场化和信息化政策工具的使用与创新难以适应全面推行河长制背景下的河湖管护需求，主要体现在以下两个方面：

（1）治水资金来源单一，市场化资金严重不足。目前，各级治水资金主要来源于政府投资，资金不足成为各地推行河长制的重要瓶颈，由于河湖管护项目大多为公益类项目，产出效益不高，企业和社会各界对治水的资金投入严重不足。例如，2014—2019年间，上海、江苏、广东、天津、北京、浙江、山东等省（直辖市）主要依赖地方财政资金开展水利建设，其中上海市、江苏省、广东省的财政资金占比超过70％，上海市占比高达98％。

（2）信息化建设有待加强。现阶段各级河长制信息化管理系统已初步建成，为河湖管护提供了良好的基础技术支撑。但从长远来看，智慧化河长制信息平台有待进一步完善，目前尚未形成水利与生态环境、林草、农业、气象、住建等其他各部门之间高度融合的智慧河湖系统，且人工智能领域的最新成果如智能信息感知、大数据挖掘、智能决策等技术在智慧河湖系统中的总体运用程度较低、运用范围较小。河长制信息化覆盖范围不足，部分省份尚未实现将各类排污口、取水口、小微水体等水域基础信息全面标绘到河长制数据"一张图"上，其精细化水平有待进一步提升；传统的水文、水质等监测主要集中于前端数据采集，难以满足对河湖健康状况进行实时、全过程监控的需求。

必须指出的是，虽然政策起源时间较早，但流域综合管理在政策执行者和政策工具等方面仍存在若干问题，例如，缺乏利益相关方的广泛参与、政策与法规尚待健全、缺乏有效的流域综合管理规划、缺乏持续且强有力的资金支持等，其中部分问题与河长制面临的问题不乏相通之处。

第四节　比　较　结　果

一、政策目标

(一) 目标导向不同

流域综合管理旨在促进流域经济发展和提高流域生境水平，最终实现流域可持续发展和公共福利最大化。河长制通过构建责任、协调、监管、保护等机制，以实现河畅、水清、岸绿、景美为目标。

从目标范围来看，流域综合管理以流域为单元进行资源开发与环境保护，而河长制的管护范围更聚焦于河湖本身，各行政区河长制往往将河湖进行分段、分片管护。从目标层级来看，流域综合管理不仅关注河湖生态环境质量，还注重推动全流域可持续发展与公共福利最大化，而河长制旨在维护河湖健康、实现永续利用。

(二) 目标重点不同

为实现有关目标，流域综合管理的相关任务涉及：建立健全流域法律法规、建立流域管理机构、制定实施流域规划、建立市场调控手段、建立流域监测系统和信息共享机制、维护流域环境健康、组织流域防灾减灾工作、鼓励广泛参与和提高全民意识等 (杨桂山等，2006)。例如，在北美五大湖流域，各部门根据流域生态环境定期向五大湖国际联合委员会提交战略框架和工作计划，内容包括被广泛接受的远期目标、近期目标、规划期限、组织方式和规划咨询与实施等，比传统的规划更加注重目标的设定、重要领域的选择、优先区与优先行动的设定。河长制则从水资源保护、河湖水域岸线管护、水污染防治、水环境治理、水生态修复、执法监督等方面明确了重点任务。近年来各地在全面推行河长制的过程中进行了一系列机制性创新，如河北省为每位省级河长安排一名技术参谋，协助河长履职；福建省检察院设立驻省河长办监察联络室；甘肃省将河长制与扶贫工作相结合，探索推出"河长制＋精准扶贫"模式；广东省江门市鹤山市设立街道河长、河道警长、村级河长、民间河长"四长"和直联队伍、保洁员队伍"两队"的"4＋2"河长组织体系；江苏省太湖流域在河长制实践基础上推行"片长制"等。

相较于河长制，流域综合管理往往将体制和制度建设作为重要目标，旨在通过机构建设、法律制定、规划编制等，建立河湖管理协调的长效模式。流域综合管理强调应用综合观点对流域资源、生态、环境开发和保护进行统筹兼顾的协调与协商，而河长制相对聚焦于对"水"开展管理与协调。

二、政策执行者

(一)管理体制不同

由于各国的自然、社会和经济的差异性,流域管理体制大致可分为流域管理局、流域协调委员会、综合性流域机构等三种类型(王浩等,2001)。流域综合管理通过设置综合协调决策机构、行政执行机构和科学咨询机构,明确法律责任,将流域管理的决策权、执行权和监督权相分离。例如,法国卢瓦尔-布列塔尼流域采用流域委员会和流域管理局结合模式,设立流域总协调首长,流域委员会依托专业委员会和区域委员开展工作;英国东南流域的流域综合管理体制以环境署统领,政府扮演了介于流域委员会和流域管理局之间的角色。

河长制要求建立省、市、县、乡四级河长体系,由各级党政领导担任河长,各级河长负责组织领导相应河湖的管护工作并对相关部门和下一级河长履职情况进行督导;各级河长制办公室负责落实河长确定的事项,组织实施具体工作;根据各地水资源管护工作的部门职责、内设机构、人员编制等规定以及河长会议的要求,落实相关具体工作(图4-2)。该体制的突出特点是层层压实责任和强化考核问责,这符合我国国情,能保证各级河湖管护工作的高效实施并因势利导地发挥制度优势。截至2018年6月,全国共设立了省、市、县、乡四级河长30多万名,29个省份还设立了村级河长76万名。

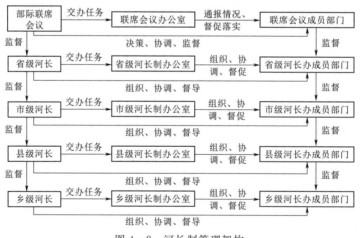

图4-2 河长制管理架构

与流域综合管理注重完善流域管理体制相比,河长制没有改变现有的河湖管理体制,而是通过机制创新对既有体制进行完善。在一系列机制创新中居于核心、构成河长制本质的是党政领导负责制和考核问责机制。

（二）企业主体作用发挥程度不同

在推行流域综合管理的过程中，以美英日等国为代表的发达国家已形成制度环境、行业监管环境、市场选择、公众监督环境、企业自律机制等多重约束下的企业环境社会责任，促使有关企业通过开发环境友好型产品、降低生产流程对流域资源环境的负面影响、提高资源可持续利用效率以及慈善捐赠等方式，取得流域生态环境改善、水资源效率提高与污染物减排等环境绩效（Lyon 等，2008；Arevalo，2010；高珊等，2011；龙成志等，2017）。从我国现实情况看，由于企业主体责任未压实，一些企业违法排污、破坏生态环境的现象还时有发生，导致老的问题尚未根治，新的污染问题又层出不穷。尽管国家层面制定了一系列政策措施推动执法监督，但部分企业仍与政府玩起"猫捉老鼠"的游戏，环境违法违规行为仍然乱象丛生（王菡娟，2021）。

与河长制相比，受制度建设等多方面因素影响，流域综合管理框架下企业履行生态环境保护主体责任的能力更强。

（三）公众参与程度不同

流域综合管理重视非政府组织、民间机构、公众、科研人员的参与。一方面，流域管理机构向公众征求对拟出台的管理措施、方案的意见；另一方面，流域管理者与公众一起分享、协调和控制项目设计和管理中的决策行为。此外，公众参与的基本程序较为明确，通常包括信息发布、信息反馈、反馈信息汇总、信息交流等环节。例如，在英国东南流域，商业、环境组织、消费者、航运、渔业、观光业主体等利益相关方加入东南流域区联络组，以与环境署合作的方式参与流域综合管理；德国以正式的法律和程序确定了公众参与流域综合管理的程序和方式，且民间非政府组织覆盖面广，提供大量的信息发布、咨询和教育服务。河长制框架下的公众参与则主要集中在水污染的治理和监督等治水的末端环节。近年来，我国的河湖管护工作强调"开门治水"，愈加重视群众的支持和监督作用，各地进行了积极有益的探索，在加大信息公开化力度的同时鼓励公众参与和监督，涌现出大批党员河长、企业河长、乡贤河长，河长制赢得了广大人民群众的普遍支持。

相较于河长制，流域综合管理通过明确的制度安排和程序性规定，确保公众可以在相关政策制定、政策执行和结果评估的全过程进行更为深入的参与。

三、政策工具

（一）市场化程度不同

流域综合管理的市场化手段主要包括流域管理经费筹措与经济调控。流域综合管理重视流域管理资金的筹措，对流域管理的资金投入由政府和土地所有者或使用者共同承担。在进行流域经济调控的过程中，一方面，通过水资源全面产权化和市场化的经济调控手段激发市场活力、引入资金，从而促进河湖管护工作；另一方面，政府通过惩罚性税费约束不合理的资源开发利用和污染行为，并将征收费用用于流域管理工程与工作的开支。例如，法国的水资源市场化程度较高，通过完整的水资源使用和排污交易制度和健全的水资源使用、补偿的税费制度和财政制度，促进流域综合管理的良性循环发展。在推行河长制的过程中，河湖管护资金主要依赖各级财政支持。近年来，各级政府高度重视河长制治水资金投入，不断加大治水资金投入力度，落实专项经费更是成为推进河长制的关键任务。

相较于河长制，流域综合管理对于市场化工具的运用范围更广泛、深入、灵活，对产权交易、有偿使用、民营化等市场化工具的使用频率更高、应用范围更广、创新性更强。

（二）信息化程度不同

流域综合管理通过综合运用遥感、地理信息系统、全球定位系统、流域综合模拟模型、流域高精度基础数据库等技术手段，建设数字流域与流域管理决策支持系统。河长制要求推进水环境治理网格化和信息化建设，布设河湖水质、水量、水生态等监测站点，建设信息和数据共享平台；利用卫星遥感、无人机、视频监控等技术，对河湖变化情况进行动态监测。现阶段河长制已将数据获取录入、数据平台建设等基础信息系统建设落实到县级，伴随着信息化水平的提升，河长制已逐步实现更精准、高效的多级治理。

相较而言，流域综合管理的专业化、自动化和信息化程度往往更高；河长制框架下的河湖管护工作更为依赖"人"的因素，包括各级河长、河长制办公室、有关单位、河道管护员等。

综上所述，流域综合管理与河长制政策特征的主要差异见表4-2。

表4-2　　　　　　流域综合管理与河长制政策特征的主要差异

内　容		流　域　综　合　管　理	河　长　制
政策目标	目标导向	1. 以流域为单元进行资源开发与环境保护； 2. 注重推动全流域可持续发展与公共福利最大化	1. 管护范围更加聚焦于河湖本身； 2. 最终实现河湖健康与永续利用
	目标重点	1. 体制和制度建设是重要目标； 2. 通过机构建设、法律制定、规划编制等，建立河湖管理协调的长效模式	1. 聚焦于对"水"开展管理与协调； 2. 通过机制创新对既有体制进行完善，为制度落实和完善提供动力
政策执行者	管理体制	通过设置综合协调决策机构、行政执行机构和科学咨询机构，以及明确法律责任，将流域管理决策权、执行权和监督权相分离	通过"健全党政领导负责制"和"强化考核问责机制"激发现有河湖管理体制的潜力

内 容		流 域 综 合 管 理	河 长 制
政策执行者	企业主体作用	企业履行生态环境保护主体责任的能力更强	社会责任意识相对薄弱,尽管国家制定一系列政策措施推动执法监督,但企业违法违规现象难以杜绝
	公众参与	通过明确的制度安排和程序性规定,确保公众可以在政策制定、政策执行和结果评估的全过程进行深入参与;协调性和效率难以保证	公众参与主要集中对水污染的治理和监督等环节
政策工具	市场化程度	1. 市场化手段主要包括流域管理经费筹措与经济调控; 2. 对于市场化工具的运用范围更广泛、深入、灵活	河湖管护资金主要依赖各级财政支持;治水资金投入力度逐渐加大;对拓展资金渠道进行探索
	信息化程度	1. 综合运用遥感、地理信息系统、全球定位系统、流域综合模拟模型、流域高精度基础数据库等技术手段,建设数字流域与流域综合管理决策支持系统; 2. 河湖管护的自动化、专业化和信息化程度更高	1. 要求推进水环境治理网格化和信息化建设,布设河湖水质、水量、水生态等监测站点,建设信息和数据共享平台;利用卫星遥感等技术,对河湖变化情况进行动态监测。 2. 较为依赖"人"的因素

四、总结

由于各国国情和水情存在差异,河长制与流域综合管理有着各自的特征及优势,在实施的过程中都取得了一定的成效。在发达国家市场化程度较高的背景下,流域综合管理的突出优势在于对经济手段和现代化信息技术的运用更加成熟并形成了适应于本国政治和经济特征的管理制度。河长制的突出优势是在现阶段经济、政治条件下创新性地设计了一套行之有效的河湖管理机制,在发挥出制度优越性的同时谨慎而循序渐进地进行政策调整与变迁,最大限度地激发现有河湖管理体制的潜力并减少政策变更带来的社会资源浪费及降低系统性风险。

综上,我国对于国外流域综合管理的经验不能照抄照搬,应结合我国国情和水情,从中外水问题的差异性、公众涉水需求的差异性、涉水管理体制的差异性等方面理解二者的演变与差异。在这一前提下,河长制可借鉴流域综合管理的内容概括为:建立适应不同发展时期河湖管护工作的长效机制;逐步明确多元共治体系中各利益相关方的权责并完善其参与、激励和监督机制;探索高效、稳定的市场化模式和经济手段;不断提高现代化信息技术水平。

河长制未来发展方向是以维持河湖生命健康为导向,实施流域性管护,严格考核问责，统筹谋划管护任务，实施多主体协同治理，打造河长制升级版，推进我国水治理体系和治理能力现代化。可以预期，河长制将为我国流域和区域高质量发展与高水平保护提供越来越强有力的支撑。

第五节　对　策　建　议

总体来看，河长制与流域综合管理并不存在优劣之分。它们的提出，都不是一蹴而就的，而是针对所面临的河湖管理问题，通过长期的演变，逐渐形成的跨部门、跨区域协调政策，都是符合所在国家实际情况的。伴随着改革开放以来经济社会的快速发展，中国河湖问题的结构性、系统性和区域性特征愈发明显，使得中国面临的河湖问题比世界任何其他国家更为深刻与复杂。通过将流域综合管理与河长制进行比较，明确主要差异，针对河长制面临的主要问题，为完善河长制提出如下建议。

一、科学设定政策目标

新时期，我国河长制的优化方向是：以维持河湖生命健康为导向，解决河长制存在的突出现实问题，实施流域性管护，依托河长制推进流域生态文明建设。

统筹考虑任务与成本的关系。应以流域公共福利最大化为目标，平衡河湖管护与流域可持续发展的关系，将各地区河长制实施方案与经济社会、生态环境、自然资源等有关规划相衔接。既尊重自然规律和财政承受能力，量力而行，尽力而为，又综合考虑各项管护任务间的逻辑关系和难易程度，确保有关目标如期实现。

建立健全河湖管护长效机制。除工程项目外，应将机制建设作为全面推行河长制的重要目标。大力推进统筹协调、治理责任、联动执法、科学监测、监督指导、考核评价等机制建设，推动河长制向制度化、规范化方向发展。

二、推进多元共治的河湖管护模式

推动完善流域管理格局。为使河长制更好地融入并服务于我国现行流域管理体制，应建立生态环境部流域派出机构等流域/跨区域监管机构与有关省级河长办之间的沟通协商机制，在流域/跨区域河湖法律法规制定、规划编制、标准制定、联防联控、信息共享、监测评估、工作督察等方面加强合作。省级河长制工作应自觉接受相关流域管理和监管机构的监督。

完善企业主体责任。完善企业环境管理责任制度，主动公开企业污染治理与监测设施的运行状况，自觉接受政府和公众监督；有关部门应综合运用罚款、列入黑名单、停产整顿、查封、追究刑事责任等手段，提高企业的生态环境违法成本。

健全公众参与机制。由相关领域专家和利益相关方代表组成独立的咨询委员会，在公共决策、规划编制、政策制定、考核问责等方面为河湖管护工作提供科学支撑；合理利用各种媒体平台，扩展公众了解和参与河湖管护的渠道，在地方性法规中明确允许公众参与河湖管护的事项和基本程序。

三、创新运用市场化和信息化政策工具

探索市场化的流域生态产品价值实现路径。建立健全流域生态产品价值实现的政策体系，健全自然资源资产产权制度、制定生态产品政府采购目录、打造流域生态产品品牌、构建生态产品标准和标识体系，创设生态产品价值实现的制度条件。充分盘活各地水资源、提升水标准、激发水优势、开发水文化，将治水红利与城市景观、特色小镇、千里水乡、文化长廊、生态田园等有机结合，营造百姓安居乐业的幸福河。

提高河湖管护的自动化、专业化和信息化水平。完善河湖信息基础工作，加快各省份各类排污口、取水口、小微水体等水域空间基础信息的摸底排查及在线补充标绘工作，实现全国河长制建设数据"一张图"管理。打造"河长智能管家"，依托地理信息技术和远程视频监控，集成应用化学分析仪器和各种水质监测传感器，结合数据采集处理技术、数据通信技术，对河湖水域进行可视化管理并实现水质的实时监测，根据动态数据分析自动生成电子档案，为预警预报重大水污染事故、监管污染物排放、监督总量控制制度落实等提供帮助。

参 考 文 献

鄂竟平，周学文，2018. 水利部全面建立河长制新闻发布会答问实录［J］. 中国水利（14）：3-7.

鄂竟平，2018. 推动河长制从全面建立到全面见效［N］. 人民日报，07-17（010）.

高珊，黄贤金，2011. 发达国家城市水污染治理的比较与启示［J］. 城市问题（3）：91-94.

胡皓达，2017. 部分省份河长制介绍及比较［J］. 上海人大月刊（9）：52-53.

李胜，裴丽，2019. 基于"过程-结构"视角的环境合作治理模式比较与选择［J］. 中国人口·资源与环境，29（10）：43-51.

李雯，左其亭，李东林，等，2020. "一带一路"主体水资源区国家水资源管理体制对比［J］. 水电能源科学，38（3）：49-53.

廖溢文，陈治平，慈晓虎，等，2020. 长江经济带之苏沪鄂河长制推行现状对比研究［J］.

中国水运（下半月），20（2）：40 - 41，150.

龙成志，Jan C B，2017. 国外企业环境责任研究综述 ［J］. 中国环境管理，9（4）：98 - 108.

沈满洪，2018. 河长制的制度经济学分析 ［J］. 中国人口·资源与环境，28（1）：134 - 139.

宋国君，赵文娟，2018. 中美流域水质管理模式比较研究 ［J］. 环境保护，46（1）：70 - 74.

唐见，许永江，靖争，等，2021. 河湖长制下跨界河湖联防联控机制建设研究 ［J］. 中国水利（8）：11 - 14.

王菡娟，环境违法行为依然乱象丛生 ［N］. 人民政协报，2021 - 4 - 29（5）.

王浩，杨小柳，阮本清，等，2001. 流域水资源管理 ［M］. 北京：科学出版社.

王乐，2018. 我国省级河长的比较分析与建议 ［J］. 中国水利（10）：9 - 11.

王亚华，陈相凝，2020. 探寻更好的政策过程理论：基于中国水政策的比较研究 ［J］. 公共管理与政策评论，9（6）：3 - 14.

熊烨，赵群，2020. 制度创新扩散中的组织退耦：生成机理与类型比较——基于江苏省两个地级市河长制实践的考察 ［J］. 甘肃行政学院学报（5）：14 - 24，34，124 - 125.

徐慧芳，王溯，2016. 国外流域综合管理模式对我国河湖管理模式的借鉴 ［J］. 水资源保护，32（6）：51 - 56.

杨桂山，于秀波，李恒鹏，等，2006. 流域综合管理导论 ［M］. 北京：科学出版社.

张丛林，李颖明，秦海波，等，2019. 关于进一步完善河长制促进我国河湖管护的建议 ［J］. 中国水利（16）：13 - 15.

张菊梅，2014. 中国江河流域管理体制的改革模式及其比较 ［J］. 重庆大学学报（社会科学版），20（1）：18 - 22.

中共中央办公厅，国务院办公厅，2016. 关于全面推行河长制的意见 ［N/OL］. 12 - 11 ［2020 - 12 - 04］. http：//www. gov. cn/zhengce/2016 - 12/11/content _ 5146628. htm.

AREVALO J A，2010. Critical reflective organizations：an empirical observation of global active citizenship and green politics ［J］. Journal of business ethics，96（2）：299 - 316.

ERGAS H，1986. Does technology policy matter? technology and global industry ［M］. Washington，D. C. ：National Academic Press.

HOOPER B，2005. Integrated River Basin Governance，Learning from International Experience ［M］. London：IWA Publishing.

LI Y H，TONG J X，WANG L G，2020. Full Implementation of the River Chief System in China：Outcome and Weakness ［J］. Sustainability，12（9）：1 - 16.

LYON T P，MAXWELL J W，2008. Corporate social responsibility and the environment：a theoretical perspective ［J］. Review of environmental economics and policy，2（2）：240 - 260.

O' TOOLE L J，1986. Policy recommendations for multi - actor implementation：an assessment of the field ［J］. Journal of Public Policy，6（2）：181 - 210.

OUYANG J，ZHANG K Z，WEN B，et al. ，2020. Top - Down and Bottom - Up Approaches to Environmental Governance in China：Evidence from the River Chief System（RCS）［J］. International journal of environmental research and public health，17（19）：1 - 23.

PETERS B G，2000. Policy instruments and public management：bridging the gaps ［J］. Journal of Public Administration Research and Theory，10（1）：35 - 47.

SCHNEIDER A，INGRAM H，1988. Systematically pinching ideas：a comparative approach to policy design [J] . Journal of Public Policy, 8 (1): 61 – 80.

ZHENG S H, QIN H B, LI Y M, et al., 2020. System analysis of the historical change of the River Leader System: based on the perspective of Historical Institutionalism [J] . Journal of Resources and Ecology, 11 (4): 414 – 424.

第五章
河长制发源地的实践与创新

作为新中国河长制诞生的地方，浙江省治水工作一直走在全国前列。党的十九大以来，浙江省委、省政府将河长制工作作为建设美丽浙江、深化"八八战略"❶的关键一招，改革创新、锐意进取，坚定不移地走好综合治水之路，在河长履职评价机制、河湖管护信息化、调动全民护水等方面形成了一系列创新成果，河湖面貌进一步改善，对浙江省乃至全国的河长制工作都产生了示范引领作用。当前，浙江省河长制已成为"枫桥经验"的生动实践、锤炼选拔干部的重要平台、党的群众路线的重要体现。

在取得一系列成效的同时，必须看到，浙江省河长制工作距离从"有名"向"有实"与"有效"转变、真正落地生根见实效的目标要求仍存在一定差距。未来需进一步在顶层设计、信息化建设、任务统筹和多元共治等方面进行完善，并与现代河湖治理的基本机制和专业化管理制度有机衔接，以推进河长制工作提档升级，打造融生态之美、人文之美和发展之美等于一体的浙江最美河湖，推进浙江生态文明建设迈上新台阶。

第一节　浙江省河长制的发展历程

浙江省是江南水乡，境内水系发达，主要包括钱塘江、苕溪、甬江、椒江、瓯江、飞云江、鳌江和运河八大水系，还有众多独流入海和流入邻省的小流域，而且沿海平原河网众多。随着经济的快速发展，全省主要水系部分河段水污染问题突出，平原河网和近海域污染严重，一些城乡河道存在"脏、乱、差"现象，直接影响着广大群众的生产生活（蔡临明等，2019）。

2003 年，长兴县提出建立"河长制"，由时任水利局局长、环卫处负责人担任护城河、坛家桥港河长，明确了实行"河长制"的河道（段）名称、河长姓名、河长单位、河长职责及配合单位等内容。2004 年长兴县水口乡诞生全国第

---

❶ 八八战略指的是中国共产党浙江省委员会在 2003 年 7 月举行的第一届四次全体（扩大）会议上提出的面向未来发展的八项举措，即进一步发挥八个方面的优势、推进八个方面的举措。

一个乡镇河长。2005—2007 年，长兴县提出了由村干部担任河长，"河长制"由镇级向村级延伸。

2008 年，太湖蓝藻暴发引起无锡市饮用水危机（图 5-1），长兴县开展了"清水入湖"专项行动，明确由县领导担任合溪港、长兴港、杨家浦港、夹浦港 4 条河道的河长。随后，"河长制"在湖州、嘉兴、温州、金华、绍兴等地陆续推行。2013 年全国两会期间，网上出现"浙江多地市民邀请环保局局长游泳"的舆情事件和黄浦江死猪漂浮事件，引起了全社会的高度关注。浙江省政府就此部署开展"清理河道，清洁乡村"行动，对病死动物、河面漂浮物、河岸垃圾、河道障碍物、农村垃圾、农村污水坑臭水沟进行清理，形成河道保洁和农村保洁的长效机制，城乡河道全面建立"河长制"，由当地政府负责人担任，农村保洁责任则落实到村两委负责人（葛平安，2018）。同年，浙江省委、省政府提出"要以治水为突破口推进转型升级"，在全省发出"五水共治"总动员令。同年 11 月，浙江省委办公厅、省人民政府办公厅出台了《关于全面实施"河长制"进一步加强水环境治理工作的意见》，提出在全省范围内全面建立"河长制"，实现全省所有河道"河长制"全覆盖，强化责任制，推进水环境整治和长效管理（省委省政府，2012）。2014 年以来，浙江省以"河（湖）长制"为抓手，强力推进"五水共治"，通过"清三河""两转型、两覆盖""剿劣""碧水行动"等组合拳，全面推进河（湖）长工作开展。

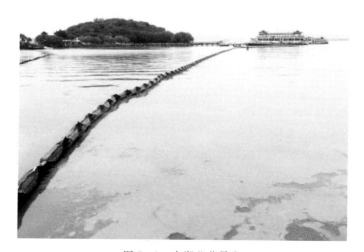

图 5-1　太湖蓝藻暴发

2015 年 5 月，浙江省委办公厅下发《关于进一步落实"河长制"完善"清三河"长效机制的若干意见》，对"河长制"的组织架构、河长牌的设置、河长巡查制度等进行进一步明确。

经过几年的努力，浙江省已初步形成了一套以"河长制"为核心的治水长效机制和责任体系，有力地推动了水污染防治及最严格水资源管理和保护制度的落实，促进了水环境质量的改善，营造了全民治水护水的良好氛围。

2016 年 12 月，中共中央办公厅、国务院办公厅印发《关于全面推行河长制的意见》后，对"河长制"工作提出新的要求。浙江省更是以此为契机，围绕打造"河长制"升级版的要求，以更高标准、更大力度、更多举措，高位深入推进治水工作。在系统梳理总结近几年"河长制"工作的基础上，制定并印发了《关于全面深化落实河长制进一步加强治水工作的若干意见》，提出"系统化＋、制度化＋、专业化＋、信息化＋、社会化＋"的工作理念，通过创建"更高、更严、更优"的"浙江'河长制'工作标准体系"，全力打造浙江省"河长制"工作升级版。

第二节　浙江省河长制的主要任务

一、加强水污染防治

（1）工业污染整治。2017 年整治 500 家对水环境影响较大的落后企业、加工点、作坊，淘汰落后和严重过剩产能涉及企业 1000 家，淘汰和整治"脏乱差、低小散"问题企业（作坊）10000 家。所有工业集聚区按规定建成污水集中处理设施，并安装自动在线监控装置。鼓励工业集聚区自行配套建设危险废物处置设施，安装视频监控设备。2018 年年底前，各设区市要实现危险废物的"市域自我平衡"目标。逾期未完成的，一律暂停审批和核准其增加危险废物的建设项目，并依照有关规定撤销其园区资格。

加强交通运输业污染管理。督促高速公路经营单位落实服务区污水治理主体责任，做好截污纳管和污水处理工作，到 2020 年，全省高速公路服务区实现污水的稳定达标排放。严格执行船舶污染物排放标准，限期淘汰污染物排放不达标的运输船只。落实全省内河港口、码头污染防治治理方案，到 2020 年，内河港口、码头全部达到治理要求。

（2）农业农村面源治理。推进畜牧业转型升级，严格执行禁限养区制度和畜禽养殖区域与污染物排放总量"双控"制度。2017 年全省存栏生猪当量 50 头以上养殖场全部实现在线智能化防控，并纳入当地监管平台。到 2020 年全省畜禽排泄物资源化利用率达 97％以上。

集成推广主要农作物测土配方施肥、有机肥替代、统防统治和绿色防控等技术，持续推进化肥农药减量增效行动，2017 年，化肥减量 2 万 t，农药减量 500t，到 2020 年推广商品有机肥 100 万 t。

加快县级及以上水域滩涂水产养殖规划编制与发布，明确禁限养区和可养区，对不符合养殖水域规划的网箱养殖和温室甲鱼等，进行专项整治和清退。开展水产养殖尾水达标排放改造试点工程。鼓励生态养殖，2017 年，实施养殖塘生态化改造和稻鱼共生轮作等生态养殖面积 10 万亩，到 2020 年构建生产与生态相协调、安全与高效相结合、管理和服务相同步的现代生态渔业。

2017 年农村生活垃圾集中收集处置基本实现全覆盖，生活垃圾分类处理建制村覆盖率达到 30%，到 2020 年农村生活垃圾分类处理建制村覆盖率达到 50%以上，逐步实现城乡环卫一体化。2017 年完成农村生活污水处理设施提标改造工程 1777 个村。

（3）城镇污染治理。按照严于国家标准，制定污水处理厂清洁排放标准，分类分区域推进污水处理厂提标改造。2017 年，全省县以上城市污水处理率达到 92%，所有污水处理厂出水水质全部执行一级 A 标准（严于国家标准）并稳定达标排放。全省新增城镇污水配套管网 3000km，新扩建城镇污水处理厂 25 座，城镇污水处理厂一级 A 提标改造 48 座。开展"污水零直排区"建设，加强现有雨污合流管网的分流改造，新建城区实现雨污全分流。到 2020 年，全省县城以上城市建成区污水基本实现全收集。

（4）河湖库塘清淤。科学有序清淤，加强淤泥重金属和有机毒物等指标的检测，遵循无害化、减量化、资源化的原则，合理处置和利用淤泥。加强淤泥清理、排放、运输、处置的全过程管理，避免造成二次污染。2017 年，完成河湖库塘清淤 8000 万 m^3，完成河道清淤整治 2000km。到 2020 年，完成河湖库塘清淤 2.1 亿 m^3，平原河网基本建成河道清淤轮疏长效机制。

（5）排污口整治。加强入河湖排污口监管，严格控制入河湖排污总量。2017 年，完成 30 个工业集聚区污水"零直排"整治，开展 20 个城市居住小区生活污水"零直排"整治。

加强入河排污口设置审核，依法规范入河排污口设置。未依法办理审核手续的，限期补办手续；对可以保留但需整改的，提出整改意见并加强监管。2017 年，建立入河排污口信息管理系统，全面公布依法依规设置的入河排污口名单信息。到 2020 年，全面取缔和清理非法或设置不合理的入河排污口。

二、加强水资源保护

（1）落实最严格水资源管理制度。实行水资源消耗总量和强度双控行动，严格建设项目水资源论证和取水许可管理，严格限制发展高耗水项目，抑制不合理用水需求；健全取用水总量控制指标体系，2017 年用水总量控制在 202 亿 m^3。到 2020 年控制在 224 亿 m^3。

（2）全面开展节水型社会建设。第一批 28 个县（市、区）启动提升工程，推进第二批 20 个县（市、区）节水型社会建设，其他县（市、区）全面启动。到 2020 年，设区城市全部达到国家节水型城市标准要求。全省超过 60 个县（市、区）完成节水型社会达标建设。

（3）加强水源保护。建立饮水水源安全保障机制，完善风险应对预案，采取环境治理、生态修复等综合措施，保障饮用水水源地水质要求。实施农村饮水安全巩固提升工程，提高农村饮水安全水平。到 2020 年，列入全国重要饮用水水源地名录的水源地全部实现在线监测。单一水源供水的地级市完成双（多）水源或应急备用水源建设。饮用水源保护区实行物理或生物隔离，创建规范化饮用水源保护区。

三、加强河湖管理保护

（1）严格河湖岸线空间管控。推进河湖管理范围划界确权工作，到 2020 年，全面完成县级及以上河道管理范围划界；推进重要江河水域岸线保护利用管理规划编制。严格河湖岸线空间管控，进一步规范内河港口岸线使用审批管理。

（2）严格水域管理。建立完善建设项目水域补偿机制，严禁建设项目非法占用水域，到 2020 年，县级以上河道实现基本无违法建筑物。实施拓浚河道、拆违还江，增加水域面积，到 2020 年新增水域面积 $100km^2$。

（3）规范河道采砂。强化河湖采砂管理，健全采砂管理机构，按照管理权限科学编制采砂规划，划定重要河湖禁采区；依法加强监管，严禁非法采砂。

（4）推进标准化管理。开展河长制工作标准体系建设，以标准规范推进治水。制订和完善城镇自来水厂运行管理、城镇污水处理厂运行管理和农村污水处理设施运维管理等标准。制订入河排污口管理标准、农牧生产排放标准、水产养殖尾水排放标准。全面推进水利工程标准化管理，完善城镇自来水厂运行、城镇污水处理厂运行标准化管理，开展农村污水处理设施运维标准化管理试点；到 2020 年，完成 10000 处水利工程标准化管理创建，日处理能力 30t 及以上农村生活污水处理设施运维标准化管理达 50%。

四、加强水环境治理

（1）强化水环境目标。按照全省水环境功能区目标要求确定各类水体的水质保护目标，到 2017 年年底全面消除劣 V 类水。到 2020 年，地表水省控断面达到或优于Ⅲ类水质比例、地表水交接断面水质达标率均达到 80%。

（2）提升河道水环境改造。实施河湖绿道、景观绿带、堤防闸坝水环境治理等工程。开展河湖水环境综合整治，创建以河湖或水利工程为依托的国家水利风景区 8 处，实现河湖环境整洁优美、水清岸绿。

（3）加强河道保洁长效管理，巩固"清三河"成效。不断加强河湖水面保

洁工作，保持河湖库塘等各类水体洁净；加强河道保洁长效管理，健全河道保洁长效机制；强化"清三河"长效机制的执行力度，严防垃圾河、黑河、臭河反弹；全面实施"剿灭劣Ⅴ类水行动"，2017年全面剿灭劣Ⅴ类水。

五、加强水生态修复

（1）加强源头保护。科学设置生态环境功能区、划定生态保护红线，健全河湖源头保护和生态补偿机制；加大河湖源头水土流失防治和生态保护综合治理以及生态修复力度。

（2）加强水量调度管理。完善江河湖库水量调度方案，科学调度生态流量，确定并维持河湖库塘一定的基础水面率，保障河道断面水生态环境合理流量和湖泊、水库的合理生态水位；建立蓝藻监测、预警、应急机制，通过科学配水等手段，及时遏制和消除蓝藻水华异常增殖。

（3）提高防洪排涝和水系流畅能力。加快推进"百项千亿"防洪排涝工程建设，积极实施平原河网引配水工程，加强中小河流治理和水系连通；拆除清理堵坝、坝埂等阻水障碍，打通"断头河"，拓宽"卡脖河"，加强河湖水系的循环流动，恢复水体自净和生态修复能力。到2020年，完成六江固堤、五原扩排，完成河道清淤整治8000km。

（4）加强森林湿地保护。持续推进平原绿化行动和新植一亿株珍贵树行动。在河湖沿岸大力开展绿化造林，实施封山育林，改善河湖生态环境。禁止侵占河湖、湿地等水源涵养空间。到2020年，全省森林覆盖率达61%，湿地保护面积稳定在111万hm^{2}以上。

（5）加强水生生物资源养护。科学开展水生生物增殖放流，严厉打击电毒炸鱼等违法行为，保护水生生物多样性，充分发挥水生生物净化调节水体功能。到2020年共增殖放流各类水生生物苗种12亿单位。

（6）推进河道综合整治，构建江河生态廊道。结合城市防洪工程建设、河道堤防提标加固、沿河村镇环境改造、小流域综合治理、休闲旅游设施建设，逐步推进全省各流域河道综合治理。通过水系联通、水岸环境整治及基础设施配套，建设生态河流、防洪堤坝、健身绿道、彩色林带，有机串联沿线的特色村镇、休闲农园、文化古迹和自然景观，着力构筑集生态保护、休闲观光、文化体验、绿色产业于一体的流域生态廊道。到2020年完成1条省级河道的生态廊道建设。

六、加强执法监管

（1）完善治水工作法规制度。完善涉水建设项目管理、水域和岸线保护、水污染防治、水生态环境保护等法规制度体系，做到治水工作有法可依、有法必依、执法必严、违法必究。

（2）提高执法监管能力。建立水域日常监管巡查制度，实行水域动态监管。落实水域管理、保护、监管、执法责任主体、人员、设备和经费。运用先进技术手段，对重点水域、重点污染防控区、重点排污河段、重要堤防、大型水利工程、跨界河湖节点等进行视频实时监控。推进全省河湖监管信息系统建设，逐步实现河湖监管信息化。

（3）加强日常河湖管理保护监管执法。各有关部门应切实履行涉及河湖管理保护的行政职能，需要联合执法的，由主管部门组织，有关部门或单位应积极配合。完善行政执法与刑事司法衔接机制，严厉打击涉河湖违法行为，坚决清理整治非法排污、取排水、设障、捕捞、养殖、采砂、采矿、围垦、侵占水域岸线、涉水违建等活动。

第三节　浙江省河长制的创新与经验

一、集中统一的协调机制

各级党委、政府参照省级河长办设置了河长制办公室，各级河长制办公室应集中办公，强化统筹协调，切实形成综合治水格局，各职能部门和工、青、妇等社团组织，要按职责分工，各司其职、各负其责，协调联动、形成合力。协同推进"河长制"实施工作。

二、全域治理的责任机制

各级党委、政府是本辖区流域整治的责任主体，要制定综合治水规划和年度工作计划，明确任务清单、进度清单、时限清单、责任单位清单和责任人清单，对各河网要突出重点、细化任务，根据"一河（湖）一策"方案，落实各级河长和相应联系部门责任，提高河湖综合治理的针对性和有效性。浙江省已编制 11720 份"一河（湖）一策"，其中省、市、县级河道分别为 47 份、359 份、1868 份，通过这些治理方案的实施，大大改善了全省水环境状况，确保河湖治理主体明确，措施有效、保障有力。省委组织部会同省治水办（河长办）选派了 108 个督导组 14675 名督导员赶赴全省治水前沿阵地，重点督查河长责任落实，剿劣工作进展等内容。

三、齐抓共管的督导机制

各级党委、政府要加强组织领导，狠抓责任落实。各级人大、政协要通过组织人大代表和政协委员视察、执法检查、民主监督、专题审议、专题协商，助推"河长制"落实，各级政府组织相关部门定期开展责任落实，任务完成情况的督导检查，重大涉河项目专项临查，对督查稽查情况进行通报，对发现的重大问题进行重点督办、挂牌督办、限期修改、验收反馈。建立"河长制"监管信息平台，推进河务监管网格化，运用明察暗访、"河长微信群"，鼓励"企业河长""民间河长""河小二"等社会和民间力量参与，借助第三方监测等方式，对治水工作进行监督和评价（图5-2、图5-3）。

图5-2　义务清扫河道垃圾

图5-3　骑行"河小二"

　　2017年3月，浙江省"河长制"信息化平台建设工作全面展开，平台建设围绕党中央六大任务和打造浙江"河长制"升级版目标，遵循"河长制""系统化、制度化、专业化、信息化、社会化"的工作理念，按照"兼顾已有、统一标准、共享数据"的原则在保留各地原平台已建特色功能的基础上，因地制宜地提出省市分级分步实施方案，先后出台了《浙江省河长制管理平台建设方案》《浙江省河长制管理信息化建设导则》等规范性文件，搭建了全省"河长制"信息化平台的整体框架，明确了省（流域）市县平台数据互联互通的建设思路，制定了《浙江省河长制信息化平台管理办法》《浙江省河长制信息化管理及信息共享制度》等背景制度，规范了各地平台建成后的运行管理工作，省级和11个设区市的"河长制"信息化管理平台已基本建成（图5-4、图5-5），实现了

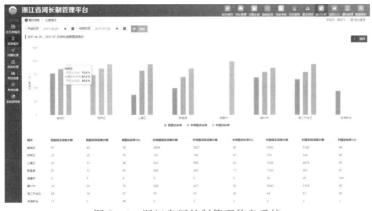

图5-4　浙江省河长制管理信息系统

数据互联互通，均已具备基础信息查询、河长履职电子化考核、项目动态监管、时间处理、统计分析等功能（张源等，2019）。

图 5-5　杭州河长制 App

专栏 5-1　"企业河长"管河道——浙江省绍兴市柯桥区创新工业区治水新机制

　　自 2014 年以来，绍兴市柯桥区按照"河长制"工作要求，全面构建了区、镇、村三级河长，取得了良好成效。柯桥区现有柯桥开发区、滨海工业区两个省级及以上工业开发区，有工业小区 141 个，入驻企业 2300 余家。工业区（园区）治水一直是"五水共治"工作的重点和难点。为着力破解工业区治水难点，进一步深化"河长制"工作，柯桥区在前期滨海工业区（马鞍镇）试点"企业河长"的基础上，自 2017 年 4 月开始在全区 16 个镇（街道、开发区）全面推广工业区（园区）"企业河长制"，选取有素养、有担当、有行业影响力的 420 名企业老总担任河道河长。"企业河长制"实行以来，"企业河长"共巡查河道 5100 余次，发现、解决各类问题 1790 多个，向政府提出治水合理化建议 127 条，工业区河道水质明显提升，劣 V 类小微水体全部剿灭，水质基本上稳定在 IV 类以上，有的达到了 III 类，为柯桥区全面剿灭 318 个劣 V 类小微水体、稳定提升区域河道水质提供了重要支持。

1. 推进"两大"转变，提升河长理念意识

一是推进企业从"旁观治水"向"责任治水"转变。为改变治水工作"政府热火朝天、企业无动于衷"的现状，积极倡导"企业河长""我的污染我来治、附近河道我来管"的理念，着力提升企业的责任意识，如滨海开发区有163名"企业河长"，基本实现了主要河道及主要行业全覆盖。"企业河长"区印染工业协会会长、绍兴海通印染有限公司董事长李传海说，他们这些企业老总当了河长之后，感到责任很重，治水不仅是政府的事，更是企业自己的事，所以首先要把企业内部的环保工作、治水工作做好，同时加大技改投入，减少污染排放。

二是推进企业从"被动治水"向"主动治水"转变。"企业河长"带头自律，主动落实企业治水、护水责任。

三是推进企业从"污染大户"向"公益大使"转变。"企业河长"意识到企业不仅要发展，更要还景于民，还河于民，他们一方面主动加强环保投入，强化源头治理，减少各类环保事故的发生；另一方面积极参与环境治理公益工程建设，累计投入资金数百万元用于"五水共治"公益工作。如"企业河长"浙能热电副经理韩江积极争取集团支持，投入资金100余万元，对企业附近河道九七丘东片生产河全线开展清淤，通过公益回报社会，重塑企业形象，改善企业与村民关系。

2. 建立"三项"机制、明确河长工作规则

一是建立巡查处置机制。"企业河长"组织员工建立专门河道巡查队伍，对发现的问题及时取证记录并登记。同时，加强工业区治水办与各"企业河长"定期联络，及时进行问题反馈处置。

二是建立激励优先机制。区级政府专门出台配套文件，规定对责任落实到位、工作成效显著、具有示范引领作用的"企业河长"，在人大代表、政协委员、评先评优等荣誉推荐和企业技改（上市）、资源匹配、政策激励等方面给予优先考虑。2017年，共有6名"企业河长"被推荐为区级以上人大代表和政协委员。

三是建立落后淘汰机制。每位"企业河长"签订责任书，并在显要位置树立公示牌"亮身份"，接受社会监督。对发现企业自身存在环保违法事件被查实或未完成节能减排任务、治理不积极、整改不及时或履职不到位被举报的，将"企业河长"淘汰，并进行通报。

3. 定好"五员"角色，发挥河长参与作用

一是当好"示范员"，发挥带头自律作用。"企业河长"必须带头做到"三

要"：一要重视环保投入和污染治理，自觉遵守环保法规，确保不发生环保违法事件。二要坚持绿色发展，加大技改投入，强化内部管理，积极倡导科学发展。"企业河长"百丽恒印染有限公司董事长沈志平投入巨资，增加三组污水生化回用处理装置，中水回用率从 25％ 提升到目前的 55％。同时，开展车间节水奖惩考核，日均节水 500t，并对管道开展全面检修，全力防止"跑冒滴漏"现象产生。"企业河长"嘉业印染董事长周传根为防止生活污水入河，在企业雨水全部高空排放的同时，将企业 8 座沿河厕所全部拆除。三要有强烈的社会责任感，以自身良好的自律行为去影响引导同行，将"五水共治"工作当做义不容辞的责任。

二是当好"巡查员"，发挥守河有责作用。各"企业河长"组成专门巡查队，针对工业区河道众多、各类地下管网错综复杂的现状，利用"倒班"等不同于镇村干部的工作时间，灵活地在双休日，甚至夜间等"八小时外"开展常态化巡查，有效填补镇、村河长巡查时间空当，有效查找问题，及时提醒邻里企业。特别是在暴雨等极端天气，切实强化内部管理，加大雨水排放口监管，最大限度地防止"跑冒滴漏"。同时，充分发挥企业的技术和设备优势，开展更有针对性的监测，如中环印染专门成立水质化验室，用于雨水口取样化验，加强水质自检，确保水质达标。

三是当好"监督员"，发挥精准定位作用。一方面，"企业河长"可以名正言顺参与治水，好做"恶人"；另一方面，由于"企业河长"了解区域企业生产情况，熟悉企业工艺流程，清晰污水产生原因和处理环节，因此更有利于通过巡查及时发现并制止各类不良行为，协助环保部门查处隐患，既避免了"城门失火，殃及池鱼""一人得病、全体吃药"的现象，又使真正的违法者得到精准打击，保护广大守法企业的利益。"企业河长制"实施以来，"企业河长"共协助查处 5 个违法问题。

四是当好"参谋员"，发挥专业优势。充分发挥"企业河长"的"内行人"作用，以"内行管内行"，并为执法部门打击非法环保行为建言献策。同时，通过微信群、定期会议等方式，加强企业之间联络交流，商讨节能减排良策，专业优势不言而喻。值得一提的是，近年来农村生活污水和工业企业生产性废水一直是"治污水"的重中之重，而厂区内的生活污水排放一度成为"被遗忘的角落"。滨海工业区首批 12 位"企业河长"上任之初就针对原工业区生活污水混排问题带头自律，投入上亿元资金用于环保技改投入，率先在全区启动实施厂区生活污水纳管改造，坚决杜绝"跑冒滴漏"和污水混排、偷排。"企业河长"盛鑫印染董事长傅建林还为监管的出租企业的环保工作采取了针对性措施，有效地解决了出租企业的管理难题。

五是当好"宣传员"，发挥企业团队作用。作为单位主要负责人的"企业河长"亲自宣传，有利于推进企业团队治水、全员治水，提升环保意识，能够起到事半功倍的效果。"企业河长"海虹印染董事长李燕鸣通过厂刊厂报、公告栏、宣传窗、QQ群等方式强化企业内部职工治水、护水、节水意识，并将治水工作列入企业例会的必要内容。"企业河长"嘉华印染董事长朱玉美将本单位的车间主任发展为二级"企业河长"，开展河道巡查工作，确保巡河工作不间断、常态化。

四、科学严密的后监督机制

实行统一规划、优化整合，合理布局，分部门按职责开展河湖水环境质量、渔业水环境质量、水功能区水质等水环境监测，对行政区域交界面，干支流交界前、功能区交界面和主要入河排污口，要科学设置监测点，做到点位互补，细化加密监测，建立水环境统一监测平台，构建省市县三级监测数据有效汇聚和相关部门监测数据互联共享共融机制。对监测发现的情况，由"河长制"办公室和相关职能部门同时向有关方面通报发布，对相关部门提供的检查数据加强会商研判，科学分析，发现问题，督促有关部门查找根源、落实整改（孙金华等，2019）。

> **专栏 5－2　浙江省台州市推行"智慧河长"，实现大数据治水**
>
> 台州市地处浙江省沿海中部，下辖椒江、黄岩、路桥三区，临海、温岭两市，玉环、天台、仙居、三门四县，陆地总面积 9411km²，其中水域面积 604km²，水域面积率达 6.4%。为进一步提升水环境综合治理水平，台州市借助水质监测新技术，开创水质监测社会化服务新模式，由社会资本提供投资、设计、建设运行及维护的一站式有偿服务，构建水质监测天网工程，为政府精准治污提供环境大数据。
>
> 1. 创新型融合，谱写水质监测新篇章
>
> 一是联防联治、构建水质监测"反应链"。实施"水上天网"工程，实现市控交接断面水质监测自动化，取代了传统人工采样、实验室分析无法满足水体污染监控及预警要求的旧模式。第一时间发现水质异常，及时预警预报，追踪污染源，避免下游污染扩大，并完善流域合作机制，实现水质信息在线

查询共享，为决策提供科学依据。

二是严管提效，强化河长考核"紧箍咒"。水质自动监测站每4小时上传一次检测数据，全天候监测辖区内水质，为环保执法提供依据，解决了人员缺乏与监管任务繁重的矛盾。同时，对各市控地表水、各考核断面水质进行实时动态监测，实现量化考核，形成常态化水质监管机制，为"河长制"考核提供有力的数据支撑。

三是减压促改，实现环保服务"社会化"。采用分7年向第三方机构采购监测数据的模式（即台州BOO模式），完成全市县域交接断面地表水水质自动监测，提高环境质量监测效率。委托第三方投资、建设和运营水质监测网络，以购买数据的方式，实现政府职能由基础设施提供者转化为监管者，有效降低运维成本，减轻财政预算压力。

2. 联动式发力，呈现水质监测新局面

一是共建水质自动监测网络。由第三方机构采用标准化生产、流水化作业、一体化吊装的工作模式在全市建设微型水质自动监测站，并负责运维，提供氨氮、总磷、高锰酸盐等指标的有效数据。同时，在建设期间，各地因地制宜制定设站方案，采取现场办公等方法，做好"三通一平"基础工作。各县（市、区）采用跟标形式，采购乡镇交接断面水质自动监测数据。如玉环市在重点断面、污染源和排污口增设50个监测点位，每月监测5次；新增5个乡镇断面水质自动监测站，结合原有20个监测站实时分析、动态把控、及时预警。

二是共管水质自动监测体系。采用现场运维管理第三方和当地政府共责制，日常运维管理由第三方负责实施，做好巡查记录、故障记录、试剂更换记录等相关台账工作。遇停水停电等影响正常运行的问题时，由当地政府负责协调解决。同时，在市环保局设立微型水质监测数据管理平台，选派市治水办及第三方监管机构技术骨干负责巡查。由市环科院每月抽取40个站点，采用现场检查、样品比对等方式对微型水质自动监测站的运维、管理、数据采集等项目进行考核。实现三方共管、第三方监管机构考核的水质自动监测体系。

三是共享水质自动监测大数据。探索建立大数据分析平台，按照"监测系统网络化、信息展现图形化、考核管理信息化、运维管控智能化、运行状态可视化"的要求，根据自动监测站指标变化，统合县、乡两级监测数据，对比水文数据，针对不同需求对运行平台设定采样周期和分析周期，借力大数据采集分析技术，对水质变化趋势进行预报。发现异常，及时抄告当地治水办。每月整理形成数据月报和通报短信，定时向有关部门、县（市、区）各级河长通报，共享水质变化情况，方便及时调整治理方案。

3. 颠覆性改革，迈上水质监测新台阶

一是标准化管理，密织监测"一张网"。以治水重点区域——金清水系为中心点，分段建立乡镇交接断面水质自动监测站，逐步扩大县、乡（镇）交接断面水质自动监测范围。同时，加强与环保、水利部门的协同合作，进一步完善特殊行业企业污染源的监控。根据当地产业特点，增设与当地产业排污相关的特殊污染物监测项目；编制《水质自动监测标准化管理手册》，明确业主、运维方及第三方监管单位的责任，厘清三方管理流程，推进自动监测标准化。

二是精准化研判，升级分析"处理器"，有效运用大数据平台，实时更新处理设备，每月对各项数据进行定人定时分析研究，提高对异常监测数据的预判决策能力。针对监测数据突然升高等异常情况，及时组织采样送检，追溯排查污染源。督促环保等相关部门开展环境污染调查，精准施策，火速解决，做到早发现、早预警、早追踪，将环境管理从结果管控提升至过程管控。

三是信息化操作，创建公开"云平台"。逐步完善监测数据应用平台，优化人机交互模式，深入开发手机App、微信公众号和电脑应用软件。互联互通水质信息平台与河长平台，打通水质数据App和"河长制"App壁垒，形成门户网站、手机App、微信电脑软件等多种数据收集"云平台"，并逐步开放水质管理、查询平台，群众可随时了解当前水质情况，可通过相关平台举报和投诉违规排污的企业。

五、共建共享的宣传推进机制

各级党委，政府要切实加强"河长制"的舆论宣传工作，按照政府主导、社会参与的原则，构建群策群力、共建共享的宣传推进机制，不断提高群众对"河长制"的知晓率，凝聚各界力量共同参与治水。建立河长评优机制，树立工作典型，交流治水经验，进一步宣传"河长制"工作，营造浓厚的"河长制"工作宣传氛围（孙继昌，2019）。充分依托工会、青年团、妇联和民间组织，组建"河长制"工作宣传队伍，广泛开展形式多样的公益活动。要做好结合文章，搭建创建平台，把"河长制"工作与"两美"浙江建设、生态省创建等紧密结合起来，发动群众自己动手改造身边的环境。以村规民约、门前"三包"责任书等形式，加强道德规范和制度约束，引导广大群众形成亲水、爱水、懂水、护水的高度自觉，省、市、县三级主要媒体都设有治水专题专栏，开设了《今日聚焦》（治水拆违大查访）等一批新网栏目，公开曝光问题河道、问题河长，吸引公众参与监督，形成了强大舆论攻势，做到"天天有声音，日日有报道"，广泛宣传治水工作。

六、协同联动的执法机制

"河长制"办公室会同相关部门科学统筹、协调部署，对涉水重要事件联合开展综合执法或专项行动，严厉打击涉水违法犯罪行为。相关部门要坚持执法主体不变、执法权能不变、执法体系不变的原则，加强河流日常动态监管，开展专项执法行动、研究制定"河长制"法规规章，进一步完善行政执法与刑事司法衔接机制（吴志广等，2020）。

专栏 5 – 3　强化水环境监管执法，共建生态品质绍兴

2016 年以来，绍兴市认真贯彻五大发展理念，落实省委、省政府"决不把脏乱差、污泥浊水、违章建筑带入全面小康"决策部署和全省"五水共治"工作会议精神，进一步拉高标杆、补齐短板，深入实施"重构绍兴产业、重建绍兴水城"战略部署，继续以昂扬斗志抓治水，做到精准发力、河岸同治、业态联调、区域并进，坚决打赢水环境监管执法巩固战、攻坚战、持久战，为"共建生态绍兴、共享品质生活"、推进"两美"浙江建设作出新的贡献。

1. 理顺"一个体系"，强化执法力量

为全力打造全省"水环境执法最严城市"，市委、市政府成立了由市委副书记担任组长，分管副市长担任副组长，市水利局、中级法院、检察院和市委宣传部、公安局、环保局、建设（建管）局、交通运输局、农业局、城管执法局等部门负责人为成员的加强水环境监管执法工作领导小组。领导小组下设办公室，办公室主任由市水利局局长兼任，统筹协调全市水环境监管执法工作。整合水政、渔政执法机构，成立了市水政渔业执法局，统一负责辖区内水利、渔业行政监管执法工作。各区、县（市）参照市里模式，也全部组建到位。

2. 完善"两项保障"，强化执法基础

一是完善法律保障。在全省率先出台《绍兴市水资源保护条例》，该条例对影响和破坏水域环境的内容作了专门规定，对相关法律责任和处罚主体进行了细化明确，为进一步加强水环境保护提供了强有力的法律保障。

二是完善装备保障。建设总投资超过 300 万元的水环境执法保障基地，目前执法艇码头已完成建设，即将投付使用；200t 级新型渔政执法船已到位并投入使用。该基地建成后，绍兴市水政、渔政执法装备水平将迈上一个崭新的台阶。为进一步加大执法力度提供坚实的基础保障。

3. 建立"三大机制"，强化执法协作

一是建立联席会议机制。水环境监管执法联席会议成员单位由市水利局、公安局、环保局、建设（建管）局、交通运输局、农业局、城管执法局等部门组成。下设办公室，办公室主任由市水政渔业执法局局长兼任，统筹水环境监管执法行动，解决执法过程中的重大问题，会商督办重大水环境违法案件。

二是建立司法协作机制。市中级人民法院和市人民检察院分别成立全省首个环境资源审判庭，出台水环境犯罪案件专项检察9条意见。市水利局与公安局、中级法院、检察院联合制定印发《绍兴市办理非法捕捞水产品犯罪案件工作意见》，强化执法协作，做到信息资源共享、执法衔接紧密、打击合力强化。

三是建立公安联动机制。在市、县两级设立公安机关驻水利部门联络室，建立健全联合执法、案件移送、案件会商、信息共享等6大工作机制。市、县两级公安机关把涉渔犯罪案件办理情况纳入对各基层派出所的年度工作考核内容，各基层派出所切实加强"河道警长"管理，加密巡河频次，办理涉渔犯罪案件的主动性、积极性大幅提升。

4. 开展"四大行动"，强化执法威慑

一是开展水环境监管执法专项行动。2016年3月17日，市委、市政府举行执法百日大行动启动仪式，市县联动、电视直播、集中打击违法渔业捕捞、违规渔业养殖、涉水涉岸违障等9大类违法违规行为，并依法实行"五个一律"，在全市形成了强大的水环境执法震慑效应。

二是开展禁渔期非法捕捞执法专项行动。以全市开展水环境监管执法百日大行动为契机，坚持"全过程、全方位、全天候"最严格执法，重拳打击"电、毒、炸"等违法捕捞渔业资源行为。2016年至今，全市共查处渔业行政处罚案件742起，与公安机关联合查处涉渔刑事案件465起，涉案人数817人，涉渔刑事案件数量和涉案人数连续三年居全省首位。同时，大力探索与推广渔政社会化管理工作，打造"专群结合"的渔政管理新模式。

三是开展保护海洋幼鱼资源执法专项行动。全力打好"伏季休渔"保卫战、"保护幼鱼"攻坚战和"禁用渔具剿灭战"三战行动，严控渔业捕捞船舶，严堵幼鱼销售渠道，加强伏季休渔监管，保护海洋幼鱼资源。2017年以来，水利、市场监管部门开展联合执法检查17次。检查水产经营户270余家，编印、发放宣传委资料500余份；开展钱塘江"亮剑"执法9次，查处非法捕捞案件15起，罚款4万余元。

四是开展地笼等违规捕捞设施整治专项行动。按照"市县联动、属地负责、突出重点、注重长效"的原则，由属地镇街牵头、渔政执法部门配合，对平原河网地笼等违规捕捞设施进行全面排查，列出问题清单，明确整治时限，逐一销号管理。全市共清理地笼等违规捕捞设施12000余只，有力地改善了平原河网渔业的生存环境。

5. 构建"多层网络"，强化执法监督

一是强化督查考核。把水域清养（指清除河蚌、网箱、围栏养殖）、水产养殖尾水整治、增殖放流等工作列入全市"五水共治"年度考核重要内容，列入《绍兴市党政领导干部生态环境损害责任追究补偿实施办法》重要内容。以"水环境监管执法领导小组"的名义，对各地涉渔、涉水违法行为进行定期或不定期督查、通报、曝光，责令当地限期整改。

二是强化媒体监督。建立媒体协同机制，邀请市、县主要新闻媒体全程参与执法专项行动，利用《绍兴日报·曝光台》，绍兴电视台《今日焦点》栏目，切实加大违法案件的曝光力度，为水环境执法提供正能量。建立舆情应对机制，通过App等新媒体发布执法信息，组织开展新闻发言人培训活动，充分提高执法人员的舆情应对能力。

三是强化公众参与。邀请"两代表一委员"参与监督水环境执法工作。引导义务护渔组织，开展水环境、渔业知识宣传教育活动，积极劝导渔业违法违规行为。鼓励广大市民通过举报电话、政务热线、110应急联动、网上交流平台反映问题，着力做到问题早发现、早处理。

七、奖惩分明的考评机制

建立"河长制"工作考评制度，将"河长制"落实情况纳入"五水共治"、美丽浙江建设和实行最严格水资源管理制度、水污染防治行动计划实施情况的考核范围，制定河长履职考核办法，上一级河长对下一级河长开展工作考评，考核结果作为领导干部综合考核评价的重要内容（陈晓等，2020）。对工作成绩突出，成效显著的予以表扬；对工作不力、考核不合格的，进行约谈和通报批评；对于不履行或不正确履行职责、失职渎职，导致发生重大涉水事故的，依法依纪追究河长责任。

八、治水倒逼经济结构重塑

全面推行河长制是经济发展方式转变、产业结构调整的助推器。浙江省各级领导干部在处理GDP和治水关系时拿出壮士断腕的决心，在大破大立中推进"腾笼换鸟、凤凰涅槃"，以治水为抓手倒逼重塑了经济结构。水环境问题从表象看是生态环境本身的治理问题，但从本质上看，是经济发展方式、产业结构、生活方式的问题。在推进河长制工作过程中，浙江省坚持水岸同治、城乡共治，在全省范围内开展"两覆盖""两转型"。"两覆盖"，即实现城镇截污纳管基本全覆盖，农村污水处理、生活垃圾集中处理基本覆盖。"两转型"，即抓工业转型，加快铅蓄电池、电镀、制革、造纸、印染、化工六大重污染高耗能行业的淘汰退出和整治提升；抓农业转型，坚持生态化、集约化方向，推进种植养殖业的集聚化、规模化经营和污染物排放的集中化、无害化处理，控制农业面源污染。

全省以治水倒逼转型升级，将治水作为推动经济转型升级的突破口；坚持抓源头动真格，把转变高能耗、高污染、高排放的发展方式，推动经济结构调整和转型升级作为推动治水的重要途径，既"腾笼"又"换鸟"，实现了经济发展和生态环境质量的双提高，使得治水工作成为贯彻"绿水青山就是金山银山"理念的生动实践，为浙江省高质量发展建设共同富裕示范区奠定了坚实的基础。

第四节　存在的主要问题

一、顶层设计有待进一步完善

一是各级河长的职责有待进一步细化。由于缺乏系统完整的责任体系，相关主体存在相互推诿扯皮现象，导致责任虚置或难以追究（吴志广等，2020）。二是奖惩机制尚待健全。《浙江省河长制规定》（以下简称《规定》）仅对奖惩方式作出原则性规定，缺乏可操作性。例如，《规定》中提出对河长履行职责成绩突出、成效明显的，给予表彰，但是未明确具体的实施主体、流程、层级以及表彰方式；针对履职不到位的河长或部门缺乏统一、明确的处罚措施（浙江省人民代表大会，2017）。

二、河长制信息平台建设有待加强

一是全省缺少统一的河长制信息平台。由于历史原因，省级和各市级河长制信息平台自成一体且难以统一，不同层级河长制信息平台间的数据共享存在困难。二是基层治理河长通"多通融合"试点工作有待完善。虽然村级河长巡河手机软件已可向"基层治理四平台"进行数据传输，但河长制信息平台与"四平台"间无法实现河湖管护数据、信息的有效共享，导致村级河长问题上报与上级河长督导单、任务清单下发无法及时有效衔接，不利于快速解决基层河长巡河发现的问题。三是河湖基础信息有待完善（曹梦迎等，2019）。目前，各类排污口、取水口、水闸、泵站、小微水体等水域基础信息尚未实现全面标绘到河长制数据"一张图"上，河湖管理工作的精细化水平有待进一步提升；传

73

统的水文、水质等监测工作主要集中于前端数据采集，难以满足对河湖健康状况进行实时、全过程监控的需求（毛米罗，2020）。

三、管护任务有待进一步统筹谋划

一是部分基础性任务的实施进度相对滞后，影响了河湖管护总体效果的发挥。目前，全省入河排污口摸底排查工作尚未完成，各排污口的污染物类型及其来源仍未完全明确；基于水环境容量的排污许可证核发工作进展缓慢；全省已完成编制的"一河一策"方案质量良莠不齐（陈龙，2020）。二是治水资金渠道来源单一，市场化资金严重不足。目前，浙江省各级治水资金主要来源于政府投资，由于缺少必要的制度安排，企业和社会各界对治水的资金投入严重不足（张丛林等，2019）。三是村级河长日常监管巡查任务与网格员职责存在交叉。村级河长与网格员分属不同的组织体系，在江河湖库日常巡查方面缺乏协调，造成人力、物力、财力等公共资源的浪费。

四、多方参与有待加强

一是企业主体作用发挥不足。受资金、技术、管理、知识与信息等因素制约，企业治污能力和水平有待提升；部分企业的水环境治理信息公开不及时、不全面，真实性也有待提高。二是多方参与的范围和深度不足（姚文捷等，2020）。目前，公众和社会组织的参与主要集中在治水的末端环节，多体现为水污染的治理和监督等。由于缺少明确的程序性安排，在公共决策、政策制定、河长会议、考核问责等方面参与较少且深度不足（陈晓等，2020）。

第五节　对　策　建　议

河湖管护是一项具有长期性、动态性和复杂性的系统工程，是建设造福人民幸福河湖、实现"全域美丽"浙江的重中之重，是争当浙江新时代"重要窗口"建设排头兵的关键举措，是推动浙江省水治理体系和治理能力现代化的有效之策。当前，浙江省河长制工作正处于提档升级的关键阶段，既要集中力量解决所面临的突出问题，也要做好打持久战的准备，做到科学施策，久久为功。新时期，浙江省河长制的完善方向是：以维持河湖生命健康为导向，完善顶层设计、强化信息建设、统筹管护任务、促进多方参与，为全国打造河长制的"浙江样板"。

一、完善河长制顶层设计

一是修订《浙江省河长制规定》，强化河长制工作法律授权。从管护任务统筹、河长制工作会议、定期巡查等方面细化各级河长、河长办、相关职能部门的主要职责；由各级河长办会同各级有关责任单位组成考核组，对工作成绩突出的河长、河长办和相关部门进行通报表扬、表彰奖励等，并将其纳入省、市、县等各级政府的表彰序列，对工作突出的优秀河长在干部选拔任用时优先考虑，不让基层河长"流汗又流泪"；对未能履行河长制工作职责的河长、河长办和相关部门，根据问题严重程度，采取提醒、约谈、通报等方式进行问责。

二是建议省"五水共治"办（河长办）制定出台《浙江省河长制工作规范》，为河长制工作提供技术依据。从组织机构、制度建设、组织协调、基础建设等方面夯实工作基础；从河湖水域空间管控、岸线管理、水资源保护和水污染防治、水环境综合整治、生态治理与修复、执法监督机制等方面细化主要目标；从河长工作会议频次、年度实施计划、各级河长年度工作责任清单等方面进行工作策划；从奖惩内容、信息公开与报送制度、档案管理、信息化建设等方面强化工作方法；从河湖健康评价、日常履职积分标准、公共评价等方面健全结果评价。

二、推进"四平台＋河长制"

一是将河长制信息平台融入"四平台"进行统一管理。为进一步推进浙江省基层社会治理数字化应用、加强河湖信息数据共享互通、提高治水效能，建议由省委、省政府协调，省政法委会同省河长办和省大数据发展管理局，将现有省、市层面河长制信息平台整合至"四平台"（方国华等，2020）。一方面，实现省、市、县等不同层级河湖管护数据、信息的上下贯通，将河湖隐患消除在萌芽状态；另一方面，实现省、市层面河长制信息平台与"四平台"间河湖数据、信息的连通共享。

二是完善河湖信息基础工作。加快全省各类排污口、取水口、小微水体的摸底排查工作，完成水闸、泵站、小微水体等水域空间基础信息在线补充标绘工作，实现全省河长制数据"一张图"管理。加强对传统水文、水质、水环境等数据的实时监测、分析与预测，为河湖健康提供全方位支撑。

三、统筹谋划管护任务

一是加快推进基础性管护任务。按照水质要求重新核算不同水域的纳污能力，查清全省各类排污口的数量、位置，明确污染物类型及其排放来源，制定有针对性、分步骤的排污口整治方案，并与企业排污许可证核发相衔接，实现"岸上水里"彻底打通（刘小勇等，2020）；引入第三方专业机构，对"一河一策"工作方案实施效果开展评估，根据评估发现的主要问题，进行方案修编。

二是建立健全流域生态产品价值实现的政策体系。健全自然资源资产产权制度、制定生态产品政府采购目录、打造流域生态产品品牌、构建生态产品标准和标识体系，创设生态产品价值实现的制度条件。

三是探索市场化的生态产品价值实现路径。充分盘活各地水资源、提升水标准、激发水优势、开发水文化，将治水红利与城市景观、特色小镇、千里水乡、文化长廊、生态田园等有机结合，使"绿水青山"有效地转化为"金山银山"。

四是积极探索基层网格化治水新模式。为降低管理成本、提高管理效率、充分释放基层活力，建议优化基层河长制管理组织体系，积极有效衔接村级河长和基层网格员系统，借助基层网格体系加强巡河力度，实现"多元合一、一员多用"，让基层河长将主要精力集中于统筹协调河湖管护问题，力争将河湖问题解决在基层。

四、丰富利益相关方共建河长制方式

一是完善企业主体责任。研究制定绿色技术认证与知识产权保护标准，构建绿色知识产权公共服务平台；从设计、材料、制造、消费、回收、再利用等环节开展全生命周期和全产业链的绿色关键技术研发；完善企业环境管理责任制度，主动公开企业污染治理设施及监测设备运行状况，自觉接受公众和社会组织监督。

二是健全多方参与的全民行动体系。充分发挥公众参与治水护水的积极性，推广公众护水"绿水币"积分制度。由相关领域专家、社会组织和公众代表组成独立的咨询委员会，在公共决策、规划编制、政策制定、考核问责等方面为全省治水工作提供科学支撑；从信息发布、反馈与汇总、信息交流、管理决策等方面明确公众和社会组织参与管水、护水的基本程序。

参　考　文　献

蔡临明，田玺泽，何小龙，2019．"五水共治"下杭州市东苕溪水源地水质变化分析及保护建议［J］．中国水利（15）：33－36．

陈龙，2020．构建河长制现代化体系　打造金华特色治水新格局［J］．中国水利（14）：11－12．

陈晓，郎劢贤，刘卓，2020．建立健全激励长效机制　推动河长制湖长制从"有名"到"有实"［J］．中国水利（14）：1－3．

方国华，林泽昕，2020．调动基层河长湖长积极性　全面建设健康河湖［J］．中国水利（14）：4－6．

葛平安，2018．高标准推进河长制　建设美丽浙江大花园［J］．水资源开发与管理（4）：1－7，15．

刘小勇，陈健，2020. 基于河长制湖长制的河湖监管体系构建［J］. 中国水利（8）：7 - 8，16.

毛米罗，王慧，2020. 金华市多手连弹提档升级 推进河长制湖长制由"实"到"深"［J］. 中国水利（14）：8 - 11.

孙继昌，2019. 河长制湖长制的建立与深化［J］. 中国水利（10）：1 - 4.

孙金华，王思如，顾一成，等，2019. 坚持科学治水 推进生态河湖建设［J］. 中国水利（10）：8 - 10.

吴志广，庄超，许继军，2019. 河湖长制从"有名"向"有实"转变的现实挑战与法律对策［J］. 中国水利（14）：1 - 4.

姚文捷，宋湘，2020. 河长制公众参与现状调查与意愿分析［J］. 中国水利（14）：41 - 43.

张丛林，李颖明，秦海波，等，2019. 关于进一步完善河长制促进我国河湖管护的建议［J］. 中国水利（16）：13 - 15.

张源，周志敏，陆桂明，2019. 基于智慧河长制的水利信息化服务平台建设研究［J］. 浙江水利水电学院学报 31（1）：43 - 48.

浙江省人民代表大会，2017. 浙江省河长制规定［A］.

第六章
河长制框架下城市污水处理系统的提升

2016 年 12 月，中共中央办公厅、国务院办公厅印发《关于全面推行河长制的意见》，要求在全国江河湖泊全面推行河长制。相对于传统的河湖管护模式，河长制坚持节水优先、空间均衡、系统治理、两手发力，以水资源保护、河湖水域岸线管护、水污染防治、水环境治理、水生态修复、执法监管为主要任务，构建责任明确、协调有序、监管严格、保护有力的河湖管理保护机制。

河长制的全面推行对城市污水处理系统提出了新的更高要求，如要"统筹岸上、水里污染治理，排查入河湖污染源，优化入河排污口布局；加大黑臭水体治理力度，实现河湖环境整洁优美、水清岸绿"等。而城市污水系统的提升是全面推行河长制的必由之路，也是全面推行河长制的重要组成部分（陈雷，2016）。

第一节　城市污水处理系统介绍

城市污水处理系统是一套收集固体和液体废物，避免其接触城市人口和饮用水系统的地下管道系统。污水处理极为重要，是保护水环境、提供舒适生活空间以及实现资源有效利用必不可少的重要环节。目前，城市污水处理系统已成为城市生态环境基础设施的重中之重。

一、城市污水处理系统的起源

城市污水处理系统起源于英国伦敦。1865 年英国伦敦的酷夏，气温飙升至前所未有的高度，污水源源不断排入泰晤士河并在高温中蒸发。污水问题导致"奇臭"事件，霍乱在城中肆虐。为了集中收集和处理污水，伦敦市政工程委员会主持建造了约 134km 的主污水管线、约 1770km 的街道污水管线以及约合20000km 的小型排污管网。通过计算污水流量，并将其翻倍，根据这一数字设计排污管网标准，以造福子孙后代，这就是城市污水处理系统的雏形（图 6-1）。

与发达国家相比，中国的污水处理事业起步较晚。上海城投污水处理有限公司东区污水处理厂（原东区水质净化厂）是中国最早的城市污水处理系统，也是亚洲运行时间最长的二级污水处理厂。东区水质净化厂由英国工部局设计，始建于 1923 年，1926 年投产运行。厂区旧址位于杨浦区河间路 1283 号，现位于长阳路 2668 号，占地面积 25447m², 设计污水日处理量 17000m³。

图 6-1　19 世纪中期英国伦敦污水处理系统

二、城市污水处理系统的组成部分

城市污水处理系统包括室内污水管道系统、室外污水管道系统、污水泵站及压力管道、城镇污水处理厂、污水出水口及事故排放口五个部分（图 6-2）（施建耀等，2016）。

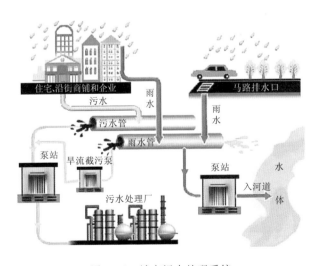

图 6-2　城市污水处理系统

（1）室内污水管道系统。室内污水管道系统用于收集室内生活污水并将其运送至室外污水管道。室内污水主要包括厨房污水、卫生间污水、阳台废水等。这些室内生活污水通过水封管、支管、立管和出户管等室内管道系统流入居住小区的污水管道系统。

（2）室外污水管道系统。室外污水管道系统主要是分布在道路下的城市污水管网（由主干管、干管和支管组成）和管道系统上的附属构筑物（检查井、跌水井和倒虹管等）。其中，主干管是收集输送两个或两个以上干管污水的管道；干管是收集输送来自支管污水的管道；支管是将居住小区内的污水运送到干管的管道；检查井是为检查和维修地下排水通道，沿通道方向每隔一定距离设置的通向地面的竖直井筒；跌水井是连接上下游不同高程排水管道，以跌水形式消能的井状构筑物。当排水管渠遇到河流、山涧、洼地或地下构筑物等障碍物时，不能按原有的坡度埋设，而是按下凹的折线方式从障碍物下通过，称为倒虹管。

（3）污水泵站及压力管道。污水一般以重力流排出，但是受地形条件的限制，往往需要设置泵站。泵站分为局部泵站、中途泵站和总泵站。局部泵站用于解决低洼地的污水排放；中途泵站用于解决管网的埋深问题；总泵站用于解决污水处理厂所需水头。压力管道是连接泵站出口到污水处理厂、用于输送污水的承压管道。

（4）城镇污水处理厂。处理城市污水、污泥的一系列构筑物及其附属构筑物的综合体称为污水处理厂。城市污水处理厂一般设计在城市河湖的下游地段，并与居民或公共建筑保持一定的卫生防护距离。采用区域污水排水系统的城市或城镇、大中城市往往需要设置多座污水处理厂；小城镇通常不需要单独设置污水处理厂，而是将污水输送至区域污水处理厂进行处理。

（5）污水出水口及事故排放口。污水出水口是位于河湖下游，将处理后的污水排入水体的渠道和出口。事故排放口是设置在泵站前面，在某些易于发生故障的地方设置的辅助性出水渠。

三、城市污水处理流程

城市污水处理全流程包括污水来源、污水收集、污水处理和尾水排放及利用。城市污水的处理涉及诸多方面，必须对下水道体系、污水处理厂位置与处理工艺、处理后污水的利用与排放要求等进行综合规划。

1. 污水来源

城市污水主要包括城区范围内的生活污水、工业废水、生产废水和其他污水。一般由城市管渠汇集并应经城市污水处理厂进行处理后排入水体。

（1）生活污水主要来自家庭、机关和城市公用设施，主要包括厨房污水、洗衣污水和厕所污水等，集中排入城市下水道管网系统，输送至污水处理厂进行处理后排放。其水量和水质具有昼夜周期性和季节周期。

（2）工业废水主要是工厂和企业等排放的污水，其中往往含有腐蚀性、有毒、有害、难以生物降解的污染物。因此，工业废水必须进行处理，达到一定标准后方能排入生活污水系统。工业废水是城市污水处理的重难点，生活污水和工业废水的水量以及两者的比例决定着城市污水处理的方法、技术和处理程度。

（3）生产废水也叫商业废水，一般由餐饮、洗浴、旅馆、洗涤、美容美发、洗车"六小"行业产生的废水组成，其含有的污染物远小于工业废水，处理难度介于生活污水和工业废水之间。

（4）其他污水如城市径流污水是雨雪淋洗城市大气污染物和冲洗建筑物、地面、废渣、垃圾而形成的。这种污水具有季节变化和成分复杂的特点，在降雨初期所含污染物甚至会高出生活污水多倍。

2. 污水收集

污水收集系统主要包括污水收集管道、污水检查井和污水泵站等。污水收集管道又包含室内污水管道系统和室外污水管道系统，均为重力管道。污水检查井是排水管道系统上为检查和清理管道而设立的窨井，同时还起到连接管段和管道系统的通风作用。由于相邻两井之间的管段应在一条直线上，因此，在管道断面改变处、坡度改变处、交汇处、高程改变处都需设置检查井，在过长的直线管段上也须分段设置检查井。污水泵站是城镇排水工程中用以抽升和输送污水的工程设施。当污水管道中的污水不能依靠重力自流输送或排放、或因管道埋设过深导致施工困难、或处于干管终端需抽升后才能进入污水处理厂时，均须设置污水泵站。

3. 污水处理

城镇污水处理厂是污水处理的主要设施，污水进入污水处理厂后，需要经过一系列工序处理，水质符合排放标准后方可排出。污水处理厂的处理工艺一般分为三级；一级处理指物理处理，通过机械处理，如格栅、沉淀或气浮，去除污水中所含的石块、砂石和脂肪、油脂等；二级处理指生物化学处理，污水中的污染物在微生物的作用下被降解和转化为污泥；三级处理指污水的深度处理，它包括营养物的去除和通过加氯、紫外辐射或臭氧技术对污水进行消毒。根据处理的目标和水质的不同，有的污水处理过程可能并未包含上述所有过程。

4. 尾水排放及利用

经过污水处理厂工艺处理后，出水水质符合排放标准，尾水一般通过管道排入河流、湖泊等自然水体。部分水还可通过园林绿化、浇洒道路、冲厕、工业用水和消防等非人体直接接触的方式进行再利用。

根据城市污水处理流程的各个阶段将污水处理技术分为源头控制、污水处理和末端治理三种类型。

(1) 源头控制。城市污水的源头在于污水的排放和收集,大多数城市污水通过污水管网收集,进入污水处理厂进行处理,但仍然存在部分污水未被收集或在管道传输过程中因渗漏、错接等原因而未被送入污水处理厂的情况,这些污水造成了城市水体污染。

源头控制需要对城市的排水系统进行检修和改造,对于采用合流制或截流式管网的老城区须加快雨污分流系统改造,新建片区应统一采用雨污分流制系统。还应对生活小区、工业园区和其他建设单元进行排查,以确保污水全部接入污水管道,解决污水直排和污水接入雨水管道或雨水接入污水管道的问题。应根据《城镇排水管道检测与评估技术规程》(CJJ 181—2012)的相关要求,对管道进行检测评估,对影响管道正常运行的缺陷进行及时修复,恢复管道排水功能。

(2) 污水处理。

1) 活性污泥法。活性污泥法是应用最广的一种污水处理工艺,活性污泥是由细菌、真菌、原生动物、后生动物等微生物群体与污水中的悬浮物质、胶体物质混杂在一起所形成的,具有很强的吸附分解有机物能力和良好沉降性能的絮绒状污泥颗粒,因具有生物化学活性,被称为活性污泥。

典型的活性污泥法所需设备由曝气池、沉淀池、污泥回流系统和剩余污泥排出系统组成。曝气池是活性污泥法的反应主体,经过适当预处理的污水与回流污泥一起进入曝气池形成混合液。回流污泥微生物、污水中的有机物以及经曝气设备注入曝气池的氧气三者充分混合、接触。微生物通过污水中可生物降解的有机物进行新陈代谢,同时溶解氧被消耗,污水的 $BOD_5$❶得以降低,随后混合液流入二沉池进行固、液分离,流出二沉池的就是净化水。二沉池底部经沉淀浓缩后的污泥大部分再经回流污泥系统回到曝气池,其余的则以剩余污泥的形式排出,进入另设的污泥处理系统进一步处置,以消除二次污染。

活性污泥法的运行阶段主要包括:①第一阶段:污水中的有机污染物被活性污泥颗粒吸附在菌胶团的表面上,这是由于其巨大的比表面积和多糖类黏性物质。同时,一些大分子有机物在细菌胞外酶作用下分解为小分子有机物。②第二阶段:微生物在氧气充足的条件下,吸收这些有机物,并将其氧化分解,形成二氧化碳和水,供给自身的增殖繁衍。通过活性污泥反应,污水中有机污染物得到降解而去除,活性污泥本身得以繁衍增长,污水则得以净化。

---

❶ BOD_5:一种用微生物代谢作用所消耗的溶解氧量来间接表示水体被有机物污染程度的一个重要指标。

2）序批式活性污泥法。序批式活性污泥法是一种污水处理工艺，在我国工业废水处理领域应用广泛。所谓"序批式"有两层含义：一是从空间方面来看，运行操作按序批方式运行。由于多数情况下污水为连续排放且流量波动较大，序批式活性污泥处理系统至少需要两个反应器交替运行，污水按序列连续进入不同反应器，它们运行时的相对关系是有次序的，即是序批的。二是从时间方面来看，运行操作也是按次序排列的、序批的。序批式活性污泥法工艺的一个完整的运行周期可分 5 个阶段，依次为进水、反应、沉淀、排水和闲置，所有的操作都在一个反应器中完成（杨庆等，2010）。

a. 进水阶段。运行周期从废水进入反应器开始。进水时间由设计人员确定，取决于多种因素，如设备特点、处理目标等。进水阶段的主要作用在于确定反应器的水力特征。如果进水阶段时间短，瞬时工艺负荷相对较大，系统类似于多级串联构型的连续流处理工艺，所有微生物短时间内接触高浓度的有机物及其他组分，随后各组分的浓度随着时间逐渐降低；如果进水阶段时间长，瞬时负荷相对较小，系统性能类似于完全混合式连续流处理工艺，微生物接触到的是浓度比较低且相对稳定的废水。

b. 反应阶段。进水阶段之后是反应阶段，微生物主要在这一阶段与废水各组分进行反应。实际上，这些反应（即微生物的生长和基质的利用过程）在进水阶段也在进行，随着污水流入，微生物对污染物的利用也随之开始。所以进水阶段应该被看作"进水＋反应"阶段，反应在进水阶段结束后继续进行。完成一定程度的处理目标需要一定的反应过程。如果进水阶段短，单独反应阶段就长；反之，如果进水阶段长，要求相应的单独反应阶段就短，甚至没有。

c. 沉淀阶段。反应阶段完成之后，停止混合和曝气，使生物污泥沉淀，完成泥水分离。与连续处理工艺相同，沉淀有两个作用：澄清出水以达到排放要求、保留微生物以控制 SRT❶。剩余污泥可以通过传统的连续处理工艺在沉淀阶段结束时排出，或者在反应阶段结束时排出。

d. 排水阶段。不管剩余污泥在何阶段排出，经过有效沉淀后的上清液作为出水在排放阶段被排出，留在反应器中的混合液将用于下一个循环周期。如果为了向进水阶段的反硝化反应提供硝酸盐而保留了相对于进水量更多的液体和微生物，那么所保留的这部分混合液就类似于连续流处理过程中的污泥回流和内循环工艺。

e. 闲置阶段。闲置阶段的目的主要是提高每个运行周期的灵活性。闲置阶段对于多池 SBR 系统尤其重要，它可以协同进行几个操作以达到最佳处理效果。闲置阶段是否进行混合和曝气取决于整个工艺的目的。闲置阶段的长短可以根

---

❶　SRT：污泥龄，污泥停留时间。

据系统的需要而变化。闲置阶段之后就是新的进水阶段，新一轮循环开始启动。

3）周期循环活性污泥法。周期循环活性污泥法是在序批式活性污泥法的基础上发展起来的，即在序批式活性污泥池内进水端增加了一个生物选择器，使整个工艺的曝气、沉淀、排水等过程在同一池内周期循环运行，省去了常规活性污泥法的二沉池和污泥回流系统，实现了连续进水（沉淀期、排水期仍连续进水）、间歇排水。

周期循环活性污泥法原理：在预反应区内，微生物能通过酶的快速转移，迅速吸附污水中大部分可溶性有机物，经历一个高负荷的基质快速积累过程，这对进水水质、水量、pH 值和有毒有害物质起到较好的缓冲作用，同时对丝状菌的生长起到抑制作用，可有效防止污泥膨胀；随后在主反应区经历一个较低负荷的基质降解过程。周期循环活性污泥法工艺集反应、沉淀、排水等功能于一体，污染物的降解在时间上是一个推流过程，而微生物则处于好氧-缺氧-厌氧的周期性变化之中，从而达到对污染物去除的作用，同时还具有较好的脱氮、除磷功能（张统，2002）。

周期循环活性污泥法的工艺运行阶段如下：

a. 曝气阶段。由曝气装置向反应池内充氧，此时有机污染物被微生物氧化分解，同时污水中的 NH_3-N 通过微生物的硝化作用转化为 NO_3-N。

b. 沉淀阶段。此时停止曝气，微生物利用水中剩余的 DO❶ 进行氧化分解。反应池逐渐由好氧状态向缺氧状态转化，开始进行反硝化反应。活性污泥逐渐沉到池底，上层水变清。

c. 滗水阶段。沉淀结束后，置于反应池末端的滗水器开始工作，自上而下逐渐排出上清液。此时，反应池逐渐过渡到厌氧状态继续反硝化。

d. 闲置阶段。在这一阶段，滗水器上升到原始位置。

4）厌氧好氧工艺法。在厌氧好氧工艺中，前段是厌氧段，用于脱氮除磷；后段是好氧段，用于去除水中的有机物。

厌氧好氧工艺将前段缺氧段和后段好氧段串联在一起，厌氧段溶解氧（DO）不大于 0.2mg/L，好氧段 DO 介于 2～4mg/L 之间。在缺氧段异养菌将污水中的淀粉、纤维、碳水化合物等悬浮污染物和可溶性有机物水解为有机酸，使大分子有机物分解为小分子有机物，不溶性的有机物转化成可溶性有机物，当这些经缺氧水解的产物进入好氧池进行好氧处理时，可提高污水的可生化性及氧的利用效率；在缺氧段，异养菌将蛋白质、脂肪等污染物进行氨化（有机链上的 N 或氨基酸中的氨基）游离出氨（NH_3、NH_4^+），在充足供氧条件下，

---

❶ DO 指溶解氧。

自养菌的硝化作用将 NH_3-N（NH_4^+）氧化为 NO_3^-，通过回流控制返回至厌氧池，在缺氧条件下，异氧菌的反硝化作用将 NO_3^- 还原为分子态氮（N_2），完成 C、N、O 在生态中的循环，实现污水无害化处理（李瑾等，2011）。

5）生物脱氮除磷法。生物脱氮除磷法是传统活性污泥工艺、生物硝化及反硝化工艺和生物除磷工艺的综合。生物脱氮除磷系统由厌氧反应器、缺氧反应器、好氧反应器、曝气池和沉淀池组成。原污水与从沉淀池排出的含磷回流污泥同步进入厌氧反应器，该反应器的主要功能是释放磷，同时将部分有机物进行氨化；缺氧反应器的首要功能是脱氮，硝态氮是通过内循环由好氧反应器进入缺氧反应器，循环的混合液量较大，一般为 $2Q$（Q 为原污水流量）；好氧反应器中的曝气池具有去除生物化学需氧量（BOD）、硝化和吸收磷等多种功能。流量为 $2Q$ 的混合液从好氧反应器回流到缺氧反应器。沉淀池的主要功能是将泥水进行分离，污泥一部分回流至厌氧反应器，上清液作为处理水排放。生物脱氮除磷法工艺具有脱氮除磷的功能，是一种深度二级处理工艺，其反应主要分为厌氧段、缺氧段和好氧段。

a. 厌氧段：主要功能是释放磷，使污水中磷的浓度升高，溶解性有机物被微生物细胞吸收而使污水中生物化学需氧量（BOD）浓度下降；另外，氨氮（NH_3-N）因细胞的合成而被去除一部分，使污水中氨氮（NH_3-N）浓度下降。

b. 缺氧段：反硝化菌利用污水中的有机物作为碳源，将回流混合液中带入的大量硝酸盐氮（NO_3-N）和亚硝酸盐氮（NO_2-N）还原为氮气（N_2）释放至空气，使生物化学需氧量（BOD）和硝酸盐氮（NO_3-N）的浓度大幅下降。

c. 好氧段：有机物被微生物生化降解，浓度继续下降；有机氮被氨化继而被硝化，使氨氮（NH_3-N）浓度显著下降；随着硝化过程的发生，硝酸盐氮（NO_3-N）浓度增加；随着聚磷菌的过量摄取，磷的浓度以较快的速度下降（龚云华，2000）。

6）氧化沟工艺。氧化沟又名氧化渠，因其构筑物呈封闭的环形沟渠而得名。它是活性污泥法的一种变型。因为污水和活性污泥在曝气渠道中不断循环流动，因此有人称其为"循环曝气池"或"无终端曝气池"。氧化沟的水力停留时间长，有机负荷低，其本质上属于延时曝气系统。

氧化沟一般由沟体、曝气设备、进出水装置、导流和混合设备等组成，沟体的平面形状一般呈环形，也可以是长方形、L 形、圆形或其他形状，沟断面形状多为矩形和梯形。氧化沟在反应原理上一般采用延时曝气，保持进出水连续，不用初沉池，在沟中所产生的微生物在污泥中得到稳定的存活生长，并在污水曝气净化中发生反应，污水进入氧化沟和活性污泥进行充分混合，再通过曝气装置特定的定位作用而产生曝气推动，使得污水与污泥在闭合渠道内成悬浮状态做不停的循环，污泥在循环中进一步与污水充分混合，其中微生物与有机物充分反应，而后混着污泥的污水进入二沉池，进行固液分离，使污水得到净化（吴代顺等，2018）。

（3）末端治理。末端治理可分为未达标污水处理和已达标污水监管。未达标污水包括污水直排和已处理未达标的污水。污水最终一般排入到河道，污水直排或已处理未达标的污水相对城市污水来说浓度较低，水量较小，一般采用生态净化方法处理。针对已达标污水实施在线监管。

人工湿地是一种通过人工设计、改造而成的半生态型污水处理系统。在人工筑成的水池或沟槽，底面铺设防渗漏隔水层，充填一定深度的基质层，种植水生植物，利用基质、植物、微生物的物理、化学、生物三重协同作用使得污水净化的系统。

四、河长制下的城市污水处理系统问题

（1）城市污水处理设施不健全。城市污水管网担负着城市污水的收集和输送任务，是连接污水产生源和污水处理厂的重要的、不可缺少的环节。当前，随着我国城市化发展进程的不断加快，城镇生活污水排放量也在不断增加，但相应配套处理设施还不完善，污水处理厂数量不足，无法负荷城市污水处理，并且存在大量排水管网雨污混接情况，甚至存在部分污水直排问题，加剧了污水处理厂工作负荷。

（2）污水处理技术水平问题。污水处理水平较低。城市污水处理一般分为三级，而在我国的一些中小城市，污水处理厂绝大部分是两级污水处理，污水处理设备陈旧，大多效率低、能耗高、维修率高、自动化程度低。而且我国很多污水处理厂的设备运行状况很不理想，污水处理厂的运转率难以进一步提高。与此同时，与发达国家相比，我国城市污水处理率仍然较低，很多地区还没有污水处理厂。此外，我国虽然在消化吸收国外污水处理技术的同时也发展了自己的技术，但这些技术在不同程度上存在着基建造价和运行成本较高、处理效率有待提高等问题，这也严重影响了我国污水处理的水平。

（3）污水处理选用工艺不合理。国内已建成并投入运行的城市污水处理厂中约80％属于二级生化处理工艺，普遍采用的相关工艺包括普通活性污泥法、氧化沟法、SBR法❶、AB法❷等，与美国、德国等发达国家所采用的技术与工艺几乎处于同一水平，但投资十分高昂，这与我国当前的经济实力不相称。普

---

❶　SBR法是序列间歇式活性污泥法的简称，是一种按间歇曝气方式运行的活性污泥污水处理技术，又称序批示活性污泥法。

❷　AB法是吸附-生物降解工艺的简称，是在常规活性污泥法和两段活性污泥法基础上发展起来的一种新型的污水处理技术。

遍采用二级生物处理工艺设计和处理城市污水，对于尚未迈入发达国家行列的我国来言，是不堪重负的。因此，必须考虑研发适合我国现阶段经济发展水平的城市污水处理新工艺（王洪臣，2014）。

（4）政府投资运行机制不合理。污水处理工作涉及的内容很多，能耗和资金成本较高。在我国的相关政策中，对工业废水的排放标准要求较高，但由于目前政府对污水处理设备投资较少，污水处理成本主要由企业自行承担，政府给予的优惠政策较少，因此难以进行大规模污水处理。虽然我国投资新建了大量的城市污水处理厂，但投资费用较大，并且后期维护过程也需花费大量资金，因而导致一些城市不愿投入更多的资金用于污水处理工作，致使水体污染问题得不到较好解决。最后，污水处理设备存因更新换代周期长、未能及时有效解决等，导致其实际处理率远远低于污水处理设施的处理能力。

第二节　污水处理系统提升的浙江实践

在全面推行河长制背景下，浙江省宁波市在全国率先创建"污水零直排区"，为其他地区树立了典型。"污水零直排区"创建的总体目标是通过全面推进截污纳管，建立完善长效运维机制，基本实现全省污水"应截尽截、应处尽处"，使城镇河道、大江大河的水环境质量进一步改善，河湖水生态安全保障能力进一步提升。

一、浙江省首创"污水零直排区"建设

为深入贯彻落实浙江省第十四次党代会精神和《浙江省水污染防治行动计划》，乘势而为高水平推进"五水共治"，切实巩固提升治水成果，有效解决"反复治、治反复"问题，实现"决不把脏乱差、污泥浊水、违章建筑带入全面小康"的目标，2017年浙江省提出"污水零直排区"的概念，并于2018年提出《浙江省"污水零直排区"建设行动方案》（以下简称《方案》）。《方案》提出，到2020年，力争30％以上的县（市、区）达到"污水零直排区"建设标准；到2022年，力争80％以上的县（市、区）达到"污水零直排区"建设标准。

"污水零直排区"指辖区内的污水管网全面完善、涉水污染源实现纳管或达标排放、排水管网及附属设施的结构性缺陷和功能性缺陷得到有效修复、地表水环境质量显著提升，做到"污水全收集、管网全覆盖、雨污全分流、排水全许可、村庄全治理；沿河排污口晴天无排污，劣Ⅴ类水体全面消除"。

"污水零直排"项目创建紧紧围绕"查""订""改""建""管"五个方面进行开展，分别对这五个方面的实施内容进行详细剖析，对每项工作进行精密部署，保证创建项目的有效实施（图6-3）。

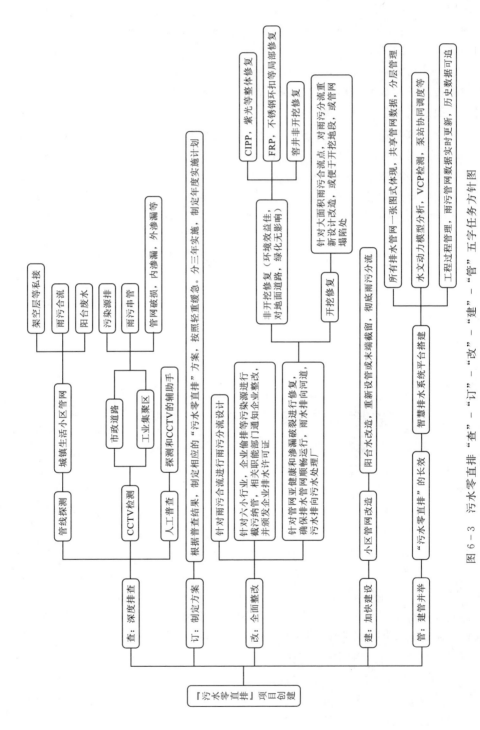

图 6-3 污水零直排"查-订-改-建-管"五字任务方针图

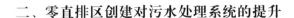

二、零直排区创建对污水处理系统的提升

1. 源头控制，水质提升

通过截流、调蓄和处理等措施，提高截流能力并结合源头减排，控制溢流污染；建设完全的分流制排水系统，消除雨污混接，通过提升污水系统的收集和处理能力，实现对城镇所有用水过程产生的污水径流的全收集、全处理。实现保护水生态、改善水环境、保障水安全、提高水资源利用效率的目标，服务于河长制框架下新时代城镇发展的需要。

在做好控源截污工作的基础上，应积极推进排水管道进入城市地下综合管廊，促进排水系统质量提升，消除外来水入渗、污水外渗和雨污混接；加强与海绵城市建设的衔接，从源头管控雨水径流，有效减少溢流污染；因地制宜推进水系生态修复，有效提升水体自净能力。污水零直排区建设大力推进雨污分流改造和初期雨水收集处理，实施企业排水（污）口在线监控和管网可视化监管。

2. 建设完整的污水收集系统

污水零直排区的创建要求全面查清污水收集管网建设运行情况，全面测绘并厘清现有管网系统布局走向、管网底账，查明重点区块、重点单位管网是否覆盖，管网是否存在错接、漏接、淤积、错位、破损、溢漏等结构性和功能性缺陷。对存在缺陷的管网进行修复，在管网未覆盖区域新建管道，构建完整的污水收集系统，同时建立完整的污水管线信息数据库，便于后续监管。坚持控源为本，截污优先。以控制污染物进入水体为根本出发点，加大污水收集力度，提高污水处理效率；强化混接污水截流等措施，最大限度地将污水输送至污水处理厂进行达标处理，以实现污水全收集、管网全覆盖。

在科学调查和诊断现有排水系统的基础上，合理制定排水口、管道及检查井治理方案，优先将工作重点放在排水口治理，消除污水直排，最大限度地杜绝排水口"常流水"及倒灌。

在加大排水设施建设力度的同时，强化排水口、排水管道、检查井的运行维护，严格控制排水管道、泵站的运行水位，提升运行效率。

三、浙江省零直排区建设工作进展

2016 年 4 月，浙江省人民政府印发《浙江省水污染防治行动计划》，明确提出水污染防治工作总体要求、重点任务和目标指标，为此后一个时期的水污染防治确定了任务书、时间表和路线图；2017 年 7 月，浙江省十二届人大常委会第四十三次会议审议通过了《浙江省河长制规定》，成为全国首个河长制地方性法规；2018 年 1 月，浙江省原环境保护厅等 11 部门联合印发实施《浙江省近岸海域污染防治实施方案》，进一步加强了近岸海域环境保护工作；2019 年 4 月，浙江省生态环境厅等九部门联合印发实施《杭州湾污染综合治理攻坚战实施方案》，加快解决杭州湾存在的突出生态环境问题。2019 年 5 月，全省高质量建设美丽浙江暨高水平推进"五水共治"大会在杭州召开，以更高的站位、更严的标准，久久为功抓落实、合心聚力上台阶，巩固已有成果，解决短板问题，奋力开辟美丽浙江建设新境界。

2019 年 7 月，全省"污水零直排区"建设现场会在义乌市召开，把"不忘初心、牢记使命"全面贯彻到生态文明建设工作中，坚定不移地深化"五水共治"。2019 年 9 月，经省政府同意，《长江保护修复攻坚战浙江省实施方案》正式印发，确定长江经济带修复原则、主要任务和目标。2020 年 6 月，省政府办公厅印发《浙江省近岸海域水污染防治攻坚三年行动计划》，要求到 2022 年，近岸海域水环境质量达到国家考核目标要求，并保持稳定向好。2020 年 7 月，经省政府同意，浙江省生态环境厅、浙江省经济和信息化厅等部门联合印发《浙江省全面推进工业园区（工业集聚区）"污水零直排区"建设实施方案（2020—2022 年）》（以下简称《实施方案》）及配套技术要点，目标要求 2022 年年底前，全省重点园区全面完成"污水零直排区"建设（浙江省生态环境厅，2021）。

四、浙江省零直排区创建的成效

1. 乡镇（街道）、生活小区"污水零直排区"创建的成效

2020 年浙江省已累计完成 740 个乡镇（街道）2314 个生活小区的"污水零直排区"建设。各乡镇（街道）联合区综合行政执法局对辖区范围内全面开展"六小行业"排查整治行动（中共中央办公厅等，2016）。浙江多数地区老旧小区较多，而这些小区的管道系统使用年限较久，地下管网错综复杂，存在排水管道雨污混接、错接、渗漏等多数问题，另外，阳台立管雨污混流现象普遍存在。"污水零直排区"创建可有效解决大部分住宅只有雨水管而没有污水管的弊端，将雨污分流排放，避免洗衣废水中的氮、磷等物质污染水体，造成水质富营养化（朱智翔等，2021）。

2. 工业园区（工业聚集区）"污水零直排区"创建的成效

工业园区（工业集聚区）"污水零直排区"建设是推进碧水攻坚战的基础性、标志性工程之一。《实施方案》要求各类经济开发区、高新技术产业园区、保税区、出口加工区、产业集聚区、工业集中区等各类工业园区均纳入"污水零直排区"建设。截至 2020 年 12 月底，浙江省 88 个工业园区（工业聚集区）全部建成"污水零直排区"。开展了验收，验收完成率 100%（浙江省生态环境厅，2020）。各市完成情况见表 6-1。

表 6-1　　　　　　　工业园区（工业聚集区）"污水零直排区"验收表

项　目	杭州	宁波	温州	湖州	嘉兴	绍兴	金华	衢州	舟山	台州	丽水	合计
任务数	9	4	10	8	13	10	10	3	3	13	5	88
完成验收数	9	4	10	8	13	10	10	3	3	13	5	88

3. 污水处理能力提升成效

浙江省 2018 年启动 100 座城镇污水处理厂清洁排放技术改造，不能稳定达标的"水十条"考核断面汇水区域和所在水功能区水质不达标的日处理规模 1 万 t 以上城镇污水处理厂率先实施提升改造，截至 2020 年年底已全部达到污水处理厂清洁排放标准。

浙江省提出到 2022 年全面完成管网底账、污水处理设施处理能力排摸工作。所有设市城市、县城、建制镇实现污水截污纳管和污水处理设施全覆盖，基本形成收集、处理和排放相互配套、协同高效的城镇污水处理系统，设市城市污水处理率达到 95％以上，县城达到 94％以上，建制镇达到 72％以上。数据显示，2016—2019 年，全省新增城镇污水日处理能力 290 万 t、污水管网 1 万 km。到 2019 年年底，全省城镇污水日处理能力将达到 1480 万 t，污水管网达 4.5 万 km，分别比"十二五"末提高 24.3％和 20.3％。此外，浙江的污水处理标准也在不断迭代升级，已全面执行国家一级 A 标准并加快向清洁排放标准提升。2019 年，浙江省城镇污水处理厂运行数据显示，全省城镇污水处理工作提升明显，城市污水处理率按进水 COD 浓度调整的平均污水处理率为 96.73％，城市污水处理厂平均负荷率为 90.79％，城市生活污水集中收集率平均值为 72.97％，其中杭州、嘉兴和台州地区污水收集率均在 80％以上（浙江省生态环境厅，2020）。

参 考 文 献

陈雷，2016. 落实绿色发展理念 全面推行河长制河湖管理模式［N］. 人民日报，12-12（15）.

龚云华，2000. 污水生物脱氮除磷技术的现状与发展［J］. 环境保护（7）：23-25.

李瑾，柴立元，向仁军，等，2011. 厌氧-好氧活性污泥法（A/O）一体化装置处理生活污水的中试研究［J］. 中南大学学报（自然科学版），42（10）：2935-2940.

施建耀，卢松，蔡佳佩，等，2016. 城市污水处理系统：CN205710212U［P］.

王洪臣，2014. 百年活性污泥法的革新方向［J］. 给水排水，50（10）：1-3.

吴代顺，方燕蓝，2018. 氧化沟工艺污水处理厂的活性污泥特性分析［J］. 中国给水排水，34（11）：109-113.

杨庆，彭永臻，2010. 序批式活性污泥法原理与应用［M］. 北京：科学出版社.

张统，2002. 间歇式活性污泥法污水处理技术及工程实例［M］. 北京：化学工业出版社.

浙江省生态环境厅，2020. 浙江省"污水零直排区"建设行动方案［EB/OL］. 浙江省生态环境厅网站：［EB/DL］. http://sthjt. zj. gov. cn/art/2020/6/19/art ＿ 1229130176 ＿ 47616308. html，06 - 19.

浙江省生态环境厅，2021. 关于印发《浙江省全面推进工业园区（工业集聚区）"污水零直排区"建设实施方案（2020—2022 年）》及配套技术要点的通知［EB/OL］. 浙江省生态环境厅网站：http://sthjt. zj. gov. cn/art/2020/7/30/art ＿ 1229130176 ＿ 53596593. html，01 - 07.

中共中央办公厅，国务院办公厅，2016. 关于全面推行河长制的意见［EB/OL］. 中国政府网：http://www. gov. cn/xinwen/2016 - 12/11/content ＿ 5146628. htm ，12 - 11.

朱智翔，晏利扬，2021. 浙江谱出一曲治水长歌［N］. 中国环境报，01 - 26.

第七章
河长制框架下城市排水管网系统的提升

"黑臭在水里，根源在岸上，关键在排口，核心在管网"❶。排水管网看不见，摸不着，但存在的问题却很突出，要真正做到污水处理提质增效，仍旧是一个非常艰巨的任务。从全国黑臭水体专项整治行动督查情况看，黑臭水体治理存在控源截污不到位、垃圾收集转运处理措施不到位、内源污染没有有效解决、部分地区治标不治本、黑臭反弹风险高等问题。要从源头上解决水污染问题，重中之重是管网问题，城市排水管网系统是否完善关系着河长制的实践效果。"厂—网—河（湖）"一体化综合治理模式，在消除黑臭水体、解决城市内涝、补充城市水资源等方面产生了综合效益，全方位地增强了城市水安全保障能力。

第一节　城市排水管网系统介绍

一、城市排水系统的概念

城市排水系统是指将城市污水、降水有组织地排除与处理的工程设施。在城市规划与建设中，对排水系统进行全面统一安排，称为城市排水工程规划，其任务是将生活污水、工业废水和降水汇集起来，输送到污水处理厂，经过处理后再排放。

城市排水系统是城市公用设施的重要组成部分，是现代化城市的重要基础设施，是城市建设水平的重要表征。在城市建设步伐日益加快的今天，科学的排水系统可实现水资源的可持续保护，提升城市投资硬环境，促进城市经济的可持续发展（徐万友，2018）。

二、排水系统的分类

在城市排水系统规划建设中，有合流制和分流制两种形式。合流制只有一

---

❶　出自《住房城乡建设部关于印发城市黑臭水体整治——排水口、管道及检查井治理技术指南（试行）的通知》（建城函〔2016〕198号）。

个排水管道系统，将雨水、污水等统一排入排水系统中；分流制是设置污水和雨水两个独立的排水管道系统，分别收集和输送污水或雨水。

合流制又可以被分为直排式和截流式两种。其中前者是指将雨水和污水直接排放至天然水体中，不需要对水体进行处理，会对受纳水体造成污染；后者是指在临河合流管道排出口位置建造截流井及截污主干管，晴天将合流管中的污水通过截污主干管排入污水处理厂处理，雨天截留部分雨污水，多余的雨污水通过溢流排入水体。

分流制指的是综合考虑雨水与污水性质，分别应用不同的管道将其排入排水系统中。其中，雨水排水系统的排放对象为城市雨水，而污水排水系统的排放对象包括工业生产废水、城市居民生活污水。对于分流制排水系统，每次降雨期间也会由于雨水收集、输送系统各环节的破损或失效，带来初期雨水的污染。有研究表明，初雨径流污染的负荷同样相当可观。另外，由于雨污管道在小区或市政道路上的错接混接，雨天也会带来污染。

我国早期的排水体系均使用合流制，20世纪80年代开始研究分流制。一些老旧城区在建设排水系统时，一般采用合流制，而新建城市和发达城市分流制建设则相对较多，一些城市排水系统还出现了合流制与分流制并存的现象。如北京、上海、济南、武汉、厦门和杭州等城市的老城区均在不同程度上保留了原有合流管道，而在后续的城市管网系统改造过程中采用了分流制。目前，城市排水管网系统正朝着分流制的方向不断发展。

三、我国城市排水系统发展历程

城市的发展离不开水，水满足了城市生产生活、灌溉景观、防洪排涝、航运等多种需要。城市的给水排水系统伴随着城市的繁荣而不断发展，已经成为城市文明史的重要组成部分。中国作为世界上水资源最为缺乏的国家之一，多年平均水资源总量约为2.8万亿 m^3，居世界第六位，但人均多年平均水资源量低于2400m^3，只有世界人均水平的1/4，被联合国列为13个贫水国家之一。

我国最早的排水系统位于裴李岗文化遗址内，距今已经超过7000~8000年历史。在住房遗址外有相连的小沟，有两条排水沟依地势从西北向东南延伸，沟为斜直壁，下部内收，底近平，这是一种如今常见的利用地势进行排水的方式（图7-1）。2006年，有关领域专家在秦时期的阿房宫遗址内发现了规模庞大的排水管道，这组陶制排水管道距秦阿房宫前殿遗址东北方向约200m，排水管道一节58cm，3组并列呈品字形绵延东西南北，东西长78m，南北长10m（图7-2）。另外，在遗址西边还有一处18m长、呈南北走向的排水管道。此外，北宋时期，虔州（今赣州）知州根据当地的地形设置的一套排水、排污系统——福寿沟，完美地解决了雨水灾害和居民日常的排水、排污问题，距今已

图 7-1　裴李岗文化遗址中的排水系统

有 900 年（图 7-3）。时至今日，福寿沟仍然担负着当地排水的重任。中国古代的排水、排污设施为后世提供了诸多值得借鉴的经验。

新中国成立以前，我国城市给排水事业发展严重滞后于国外。新中国成立后的城镇排水建设从 20 世纪 50 年代的爱国卫生运动，60 年代的备战备荒，70 年代的污水处理及污水干线大修，80 年代引起重视，相关政策及排水规范出台，90 年代大兴土木，到 21 世纪城镇化进程得以大发展，城市排水设施建设取得了巨大的进步，污水处理能力不断提升，排水管网的建设里程数不断升高，城镇管网覆盖率逐步提高（邢玉坤等，2020）。

图 7-2　阿房宫遗址中的排水管道

四、城市排水管网系统的规划设计

1. 雨水排水设计

在城市排水管网规划设计中，雨水排水管道设计是十分重要的内容，在对雨水管道进行规划设计时，需要对城市地形地貌特征进行勘察，了解城市降雨量。上述两种因素都会对雨水排水管网的设计形式产生较大影响。另外，还应该考虑城市雨季时的降雨密度，如在发生持续性暴雨天气的情况下，是否会影响城市雨水管道的正常运行或导致排水不通畅，部分地表水较多的低洼地区是否会引发水灾等。雨水系统的计算须根据当地或者相近地区的暴雨强度公式进

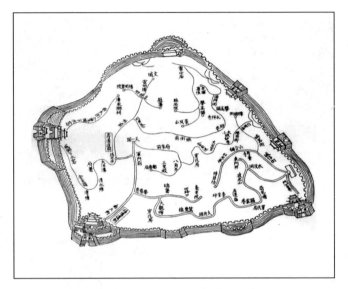

图 7-3　福寿沟的排水排污系统

行计算，目前，传统的雨水量计算方法已经无法满足实际需要，以至于影响系统正常运行。因此，对于城市不同区域的雨水排水量，应该做好分类设计，同一排水系统可采用同一重现期或不同重现期，如重要干道、重要地区或短期积水即能引起较严重后果的地区，应在这些重点区域有针对性地提高其重现期。

在确保城市交通安全的前提下，还应该坚持因地制宜的原则，在城市道路绿化带设计过程中，综合应用雨水湿地、生物滞留带、生态排水等方式。在城市绿地、广场等区域，可以构建湿地公园、采用透水材料进行路面铺装，同时应用植草沟等设施，有效消纳径流雨水。在城市中心区域，可以设置透水性停车场、人工湿地、渗透性地面等等，同时还应该对生态环境进行日常维护管理，构建具有多种功能的雨水调蓄系统。

2. 污水排水设计

城市污水的排放源有很多种，在污水排水系统规划设计的过程中，需要综合考虑不同来源污水的成分特征、排放量等。在对城市居民生活污水和工业废水排水系统进行规划设计的过程中，应结合实际情况合理选择污水排放系数，对给水量进行准确预测，确定不同区域的污水排放规模，主要包括近期排水量、远期排水量等。综合考虑城市地形特征以及水系分布情况，重新划分流域，对污水处理厂、污水泵站以及污水管网进行科学合理的布局，同时，还应该综合考虑污染排放、环境影响、土地利用等情况以确定最优方案。在选择污水处理系统后，制定污水管道的实施方案、污水排放量、泵站设置方案等等。在对城

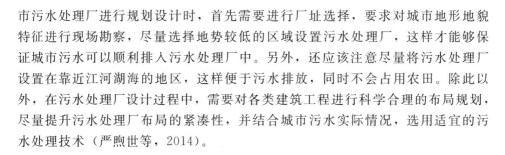

市污水处理厂进行规划设计时，首先需要进行厂址选择，要求对城市地形地貌特征进行现场勘察，尽量选择地势较低的区域设置污水处理厂，这样才能够保证城市污水可以顺利排入污水处理厂中。另外，还应该注意尽量将污水处理厂设置在靠近江河湖海的地区，这样便于污水排放，同时不会占用农田。除此以外，在污水处理厂设计过程中，需要对各类建筑工程进行科学合理的布局规划，尽量提升污水处理厂布局的紧凑性，并结合城市污水实际情况，选用适宜的污水处理技术（严煦世等，2014）。

五、我国城市排水系统存在的问题

目前，虽然城市化发展迅速，管网建设也取得了巨大进步，但是仍然存在不少问题。城市排水系统选用设计标准低、排水能力差、管道老化、管道接口渗漏严重及堵塞等问题是造成我国城市内涝及地下水污染的重要原因，不仅严重影响城市居民的日常生活和工作，还会破坏社会的稳定和谐。

1. 城市排水系统功能不完善

快速的城市化导致城区建设面积不断增加，但城市排水系统却未能得到及时改造提升，城市原排水系统服务面积无法与城市建设强度相匹配，覆盖范围不全，完善的排水系统欠缺，城市水环境趋于恶化，城市污水废水下渗污染地下水资源。此外，旧排水系统使用多年，且设计标准较低，排水管道管径小，受管道老化、管道接口不均匀沉降等因素影响，管道淤积严重，管道排水能力降低。同时，因缺乏合理有效的改造建设，导致城市排水系统功能不完善。

2. 城市排水系统布局混乱

目前，我国城市排水系统建设问题主要是新城区排水系统建设水平较高，但旧城区排水系统建设滞后。一方面，城市排水系统建设一般"重雨水、轻污水"，部分旧城区还欠缺完善的排水系统，大部分旧城区排水系统均采用雨污合流排水体制，雨季大量污水直排至河湖水系中；另一方面，在污水处理厂的布局方面，考虑到旧城区建设用地紧张，已建的污水处理设施较少，且不具备扩建条件，导致城市排水系统处理能力不足。

3. 城市排水体制选择不合理

（1）分流制建设系统不完善。分流制具有减少水体污染、灵活性好、维护简便、适应社会发展需求等优点。对于旧城区而言，若城市道路排水系统不进行雨污分流改造、已建小区内部未实施雨污分流改造，即使污水主干管建设完善，也无法很好地实施雨污分流。最终只有两种结果：污水主干管闲置不用，造成投资浪费；污水接入雨水管道，直排至河湖水系中，造成水体污染。

（2）合流制建设不科学。为防止水体污染，雨季时，污水截流井一般会设置一个截流倍数，常为1~4。但在污水截流井实际设计中，绝大部分城市的截流倍数很小，甚至只有 0.05。这是由于污水流量预测不当，排水管尺寸不符，导致雨季时，大量雨污合流污水通过截污井处溢流口直排至水系中，截流干管没有真正发挥作用。

4. 雨水系统安全性偏低

近年来，城市内涝频发，呈现发生范围广、积水深度大、积水时间长的特点，不仅造成了巨大的经济损失，而且严重威胁着城市的安全。据统计数据显示，近 80% 的城市内涝原因是排水系统建设滞后、设计标准偏低。因老旧管网不及时更新，新的管网跟不上城市建设的步伐，完善城市落后的排水系统已迫在眉睫。

5. 污水收集效率偏低

城市污水处理厂的进水水质设计值是根据调查数据确定的，调查数据表明，中国南部很多污水处理厂的运行效率低于设计值。污水的浓度直接决定了污水处理工艺的选择，当实际水质标准远低于设计值时，会造成污水处理厂的运行效率偏低。污水处理厂进水水质较低，一方面是实际水量比预计水量低，这可能由于城市建设和人口规模未达到规划设计值，或者有部分污水未收集到管网；另一方面，城市污水收集管网漏失严重，南部城市地下水位高，由于管道年久失修，地下水渗入量大，导致管道的实际传输能力降低，同时降低了污水处理厂的进水浓度（郝天文等，2019）。

六、城市排水系统建设的解决措施

1. 合理规划建设城市排水系统

首先，城市排水系统规划建设时，应全面考虑整个城市的功能分区、产业分布、排水管网及污水治理等情况，充分调查城市现有和预测潜在的再生水用户的地理位置及水量水质需求，并将调查结果及时反映给排水设计人员。在对污水处理厂进行扩建改造时，要全面考虑污水回用的近、远期需要，科学设计污水深度处理系统，同时为远期的系统扩建预留一定的发展用地。

其次，在规划城市排水系统时，要将雨水污水的收集、处理和综合利用统一起来，将目前的雨污合流制、不完全分流制逐渐改造为分流制排水系统。选择雨污分流有利于对不同性质的污水、雨水采用不同方法进行科学处理和合理控制，便于对雨水进行统一收集、贮存、处理和综合利用，有效避免洪涝灾害，全面提高城市水资源的可利用率。在此基础上，对污水进行统一处理，以减小对自然水系的污染。此外，还要妥善处理污水处理厂产生的大量污泥，防止二次污染，危害生态环境。

2. 加大资金投入，加强技术研究

应彻底转变"重雨水、轻污水"的设计理念，适当加大地下排水管道的建设资金投入，同时积极借鉴当前国内外先进的排水系统设计理念，大力引进优秀的专业设计人员，重视排水系统管材的合理选择，做好工程测量和监督工作，全面提升城市排水系统的建设质量。对于新建城区，城市规划及建设管理部门应严格遵照相应片区排水工程规划指导排水系统建设，使排水系统能有效发挥其功效。对于老旧城区应该科学评估城市的排水能力，对排水系统进行合理改造，同时合理增加防洪排涝设施，提高城市防洪排涝能力。

3. 科学选择城市排水体制

在确定城市排水体制时，应充分考虑城市的经济条件和建设现状，需要经过具体的分析和详细的建设费用预算，方可决定采用何种排水体制。另外，选择城市排水体制时要考虑城市规模：

（1）对于经济发达的大城市新建区应选择分流制排水系统，若该地降水量很大，则应将旧城区的合流制系统逐步改造成分流制系统，尽可能减少水体污染，全面改善水环境质量。

（2）对于降雨量大的中等城市，远期宜全面选择分流制排水系统，近期可选择分流制与合流制并存的排水方式。具体建设应根据城市总体规划和实际情况，经过综合的技术经济比较后，决定采用何种排水体制。

（3）对于一些经济实力较弱的中小城市，由于欠缺完善的排水管网，常常会有一定程度的水体污染。为尽快改善城市水体的水环境质量，可在降雨量小的地区采用合流制排水系统，以降低排水系统的建设成本。

4. 建立健全相关的法规制度

探索成立城市排水工作小组与联席会议制度，组建水环境联合执法队伍。建议把加大法治建设力度作为根本性制度措施，综合运用法治手段，做到依法治理。加强对"污水零直排区"建设中的违法行为进行依法查处，开展规范设置预处理设施的整治行动，进一步摸排公共排水设施使用存在的问题，杜绝破坏或者私接排污行为。对整改期限结束后仍未进行整改的排水户进行立案查处，对拒不整改的排水户，联合建设、生态环境、市场监管等相关部门依法采取强制关停措施。

5. 加大城市排水系统建设的力度

城市排水系统的建设，从长远考虑，至少需要规划一百年以上的城市排水需求，彻底消除城市洪涝灾害带来的巨大损失。提高大型城市排涝标准，加大城市排涝工程建设投入、防洪排涝资金的投入，除中央投资外，适当增加地方对城市防洪排涝工程建设的投入。

6. 合理布局污水处理系统和雨水蓄水系统

在我国城市的排水系统建设中，应当合理布局污水处理系统，将污水净化后再进行利用。另外，建议采用雨污分流的模式，利用蓄水池等设施将雨水存储起来，为再利用奠定基础。

第二节　污水零直排区创建对
管网系统的改造

排水管网是一座城市的"静脉血管"，其健全、畅通与否，直接与百姓生活息息相关。浙江省全面实施排水管网整治工程，推进雨污分流改造，可谓调查到管道的"微血管"和"毛细血管"的末端，进一步完善了城市排水系统，持续改善人民群众的生产生活环境。

一、浙江省零直排管网建设主要内容

（1）深度排查。各地"点、线、面、网"结合，以镇（街道）为单位，系统全面对建成区内所有排污单位、区块情况进行地毯式排查，特别突出城中村、城郊结合部、老城区、城镇建成区、工业园区（工业集聚区）等重点区块，做到无遗漏、无盲点。

1）全面查清工业园区（工业集聚区）类、生活小区类和其他类等三大类建设单元的截污纳管情况，重点查明污水排水体系、雨污有无混接等问题。

2）全面查清污水收集管网建设运行情况，全面测绘并厘清现有管网系统布局走向、管网底账。查明重点区块、重点单位管网是否覆盖、管网是否存在错接、漏接、淤积、错位、破损、溢漏等结构性和功能性缺陷。

3）全面查清污水处理设施（厂）运行维护情况，重点查明污水处理设施是否存在超负荷、超排放标准运行的情况，污水处理厂尾水是否存在再生利用的可行性等问题。

4）全面查清排污（水）口整治情况，重点查明排污（水）口是否按规范设置、是否存在异常排污等情况。

5）全面查清水产养殖尾水排放情况，重点查明规模以上养殖主体的池塘、设施大棚、工厂化养殖等尾水是否存在直排现象，是否建立养殖尾水处理设施及设施建成后的运行维护等情况。

（2）制订方案。制定与当地的发展规划相适应的方案，并有一定的超前设计，"污水零直排区"的创建与城市的发展规划密切相关，涉及城市或城镇未来的容量和现代化水平，因此方案的策划在结合实际的前提下，也考虑到地区未来的定位和发展方向。

1）设区市编制建设总体方案，县（市、区）、镇（街道）编制建设具体实施方案，厘清问题短板，建立问题清单、任务清单、项目清单和责任清单，实行挂图作战。按照逐级管理的原则，各级建设方案均需报上级治水办备案，并向社会公开。

2）加强规划区域间的共享统筹，优化厂网布局，确保每个区块污水都有管收集、有厂处理。各地按照"属地为主、因地制宜"的原则系统谋划污水处理设施和配套管网建设，制定相应改造提升方案。

3）存在问题的工业园区（工业集聚区）类、生活小区类和其他类等三大类基本建设单元内所有排污单位、区块均结合实际情况，制定"一点一策"治理方案，确定项目表、时间表和责任表。

4）列入尾水再生利用试点的城镇污水处理厂，根据实际情况制定尾水再生利用方案。列入尾水生态化治理（改造）试点的水产养殖示范场（点），制定水产养殖尾水生态化治理（改造）方案。

（3）全面整改。参照《城市黑臭水体整治——排水口、管道及检查井治理技术指南（试行）》，按照项目化推进、清单化管理的要求，对存在的问题进行有效整治。

1）深入开展城镇雨污分流改造，做到"能分则分、难分必截"。对两年内拆迁改造和确因条件限制难以实施改造的区块、排水户，根据具体情况，因地制宜建设临时截污设施，防止污水直排；现有截流式合流制排水系统有条件的进行改造；阳台污水合流制的小区进行分流改造；新建小区必须严格实行雨污分流，阳台污水设置独立的排水系统。

2）全面开展城镇和工业园区（工业集聚区）老旧管网修复和改造，打通断头管、修复破损管、纠正错接管、改造混接管、疏通淤积管。

3）深入开展企业内部和工业园区（工业集聚区）的雨污分流改造，做到厂区可能受污染的初期雨水、工业废水、生活餐饮污水的清污分流和分质分流。深入推进化工、电镀、造纸、印染、制革等重点行业废水输送明管化改造。

4）按照培育一批示范企业、集聚一批小散企业、消减一批危重企业的总体思路，深入开展散乱污企业和小作坊、小餐饮等建设单元的雨污分流改造。

（4）建管并举。加强对已建排水设施的日常养护，建立完善已建管网移交和档案管理制度，严格实施管网巡查、检测、清淤和维修等机制，切实落实日常养护、管理责任。

1）加强污水处理设施及污水处理厂尾水再生利用系统的运行管理，建立和完善污水处理设施第三方运营机制。

2）全面实施城镇污水排入排水管网许可制度，依法核发排水许可证，切实加强对排水户污水排放的监管。工业企业等排水户应当按照国家和地方有关规定向城镇污水管网排放污水，并符合排水许可证要求，否则不得将污水排入城镇污水管网。

3）推进水产养殖尾水生态化处理设施出水的水质监测工作，确保出水水质达到排放要求。

4）坚持对水环境违法行为"零容忍"，保持打击环境违法行为的高压态势。对于应当申领污水排入排水管网许可证的排水户，未取得许可证或不按照许可证要求排放污水的，严格依法追究法律责任（浙江省生态环境厅，2020）。

二、浙江省管网系统改造成效

1. 水环境质量改善

浙江省强化污染源头控制，推进流域水环境综合治理，强化水环境质量目标管理，按照各类水体的水质保护目标，逐一排查达标状况，制定实施水质达标方案。2016 年浙江省全面实现"清三河"目标，共清理垃圾黑臭河 1.1 万余 km，昔日的垃圾河、黑臭河变成了景观河、风景带。2017 年基本完成"剿灭劣 Ⅴ 类水"任务，58 个县控以上劣 Ⅴ 类水质断面和 1.6 万个劣 Ⅴ 类小微水体完成销号。2018 年以来，先后完成 316 条（个）省级"美丽河湖"建设，打造生态宜居、绿色幸福滨水发展空间。2020 年全省地表水总体水质为优，221 个省控断面中 Ⅰ～Ⅲ 类水质断面比例达 94.6％，比 2013 年提升 29.5 个百分点。浙江省水生态环境质量持续保持全国领先、城市黑臭水体消除率 100％、消除劣 Ⅴ 类水体任务提前三年完成（见图 7-4）（朱智翔，2021）。

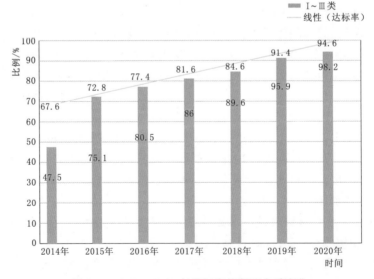

图 7-4　2014—2020 年浙江省控断面水质变化

2. 河湖生态修复

建成市级"美丽河湖"660 条（个）、省级"美丽河湖"316 条（个）；完成

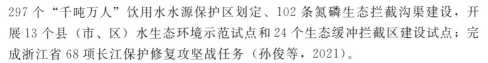

297个"千吨万人"饮用水水源保护区划定、102条氮磷生态拦截沟渠建设,开展13个县(市、区)水生态环境示范试点和24个生态缓冲拦截区建设试点;完成浙江省68项长江保护修复攻坚战任务(孙俊等,2021)。

3.入河排污口监测

为了更好的掌握河湖水质变化,防止污水处理达标后因其他原因再度恶化,需进行入河排污口监测。入河排污口监测,是实施水功能区管理、保障饮水安全、促进水资源可持续利用的重要措施之一。2019年全省122个入海排污口均完成在线监测设施安装,并完成与省污染源自动监控信息管理平台的联网工作,实现了入海排污口数字化监管。2020年浙江省开展651个入河排污口监测,并将监测数据纳入长江经济带综合信息平台(中华人民共和国住房和城乡建设部,2016)。

目前,浙江省已建成地表水水质和饮用水源地水质和污染源自动监控平台。地表水水质和饮用水源地水质自动监测数据平台可实时监测酸碱度(pH值)、溶解氧(DO)、高锰酸盐指数(COD_{Mn})、总磷(TP)和氨氮(NH_3-N)五项指标,还可查看各指标日均值与月均值,支撑有关部门对浙江省内各地水质状态和等级形成清晰的认识。污染源自动监控平台可对废水、废气和挥发性有机物(VOC)进行在线监控,在废水方面,可在线监测污水处理厂、重金属、入河排污口、入海排污口等的相关水质指标数据值和数据曲线,监测水质情况,监测设备是否正常运行等信息。保持数据的实时性和公开性,这些平台既可以帮助管理人员更好地进行水污染防护治理,也是河长制的监督平台,用清晰的数据和图像向公众展现污水零直排区创建对污水处理系统的提升效果。

第三节 河长制框架下城市内涝问题的预警治理方案

近年来,由于城市建设改造或者建筑垃圾就地掩埋、环境污染等因素造成河道淤积堵塞,使得河道不断萎缩,甚至有些形成"断头河",失去应有的排洪泄洪功能,间接导致城市内涝,河长制的推行需要做到从"有名"到"有实"。

一、城市内涝的概念

城市内涝是指由于强降水或连续性降水超过城市排水能力致使城市内产生积水灾害的现象。近年来,我国多个大中型城市频繁遭遇内涝灾害袭击,造成了严重的人员伤亡和财产损失(图7-5)。

二、城市内涝的影响因素

中国正处于城市化的高峰期,随着城市化进程的加速与生态环境的恶化,

图 7-5　浙江衢州开化县老城区被洪水围困（2011 年 6 月 15 日）

越来越多的城市污染问题暴露了出来，各地降雨也不似以往规律。国内不少城市频繁出现内涝问题，不仅对城市居民生命财产安全造成威胁，也影响了城市经济的正常发展。事实上，城市内涝本身就是各种"城市病"集中发作的结果。城市内涝问题，已经成为一个引起广泛社会关注的、亟待解决的重要问题。为了减少内涝灾害发生的频率，确保人民生命财产安全，有必要对内涝产生的根源进行分析研究。

1. 自然因素

影响城市降雨的主要因素有 3 种：①充足的水汽供应；②气流上升达到过饱和状态；③足够的凝结核。第一个因素受气候、地理位置影响。工业化进程的加速，全球气候发生了很大的改变，许多极端因素接踵而至。高强度的降雨对于城市排水系统形成挑战，同时平缓低洼的地势也为城市内涝的发生提供了地形条件。这两个因素与人类活动休戚相关。

2. 人为因素

（1）城市排水系统规划不合理。城市的排水规划与城市总体规划没有很好衔接，城市总体规划完成后，排水规划没有得到足够重视或及时编制。排水系统与城市总体规划脱节。此外，排水系统的建设缺少长远规划。城市建设初期规划的局限性，导致排水系统的建设无法进一步升级，随着经济发展，以往的排水管网显然不能满足急剧升级的排水需求。

（2）城市排水系统设施不健全。我国城市排水系统虽较几十年前有了明显的提升与进步，但设施仍不健全。排水管道管径过小是最严峻的问题，小管径的排水管远远不能满足暴雨时期的排水需求，大量的雨水会加大地表径流，许多杂物如树叶、纸张等会随着雨水流入排水管，过小的管径容易造成排水管的堵塞，部分地区上泛的雨水甚至将井盖顶起，造成了极大的安全隐患。

（3）现有资源没有被充分利用。城市境内河流理应是城市排水系统的有利资源，但多数城市水质状况始终不容乐观，虽经过数年的整治并在河道两旁建设滨水绿地，环境已有所改观，但水质并未得到明显改善，无法充分发挥其排水蓄洪的功能。

（4）城市排水系统功能单一。当前的城市排水系统大多采用的仍是雨污混排模式，该排水模式以将雨水尽快排出为目的，没有考虑到可将雨水作为资源合理利用，在一定程度上造成了资源浪费（刘家宏等，2020）。

三、城市排水系统与城市内涝的关系

城市发生内涝的主要原因，是由于城市发生强降水或者出现长时间连续性降水的极端气候情况，并且降水量超过了城市排水系统所能承受的程度，进而导致城市内出现了积水灾害。从客观角度来讲，出现内涝的情况，主要是降雨强度过大，且降雨范围较为集中。

城市化进程的加快，也会在一定程度上加剧城市内涝带来的危害。城市不断进行扩张，使得城市人口急剧增加，进而推动城市面积加大，原有的自然泄洪区河道以及湿地被用于建设城市基础设施。当城市发生强暴雨时，会导致雨水难以渗透到地表之下，就会在城市道路上流淌汇聚，导致城市发生内涝。

四、城市内涝监测预警系统建设机制

城市内涝监测预警系统的建设，能够在第一时间获得准确的内涝监测数据，为城市管理者指挥决策提供数据支持，提升城市应急能力。通过实时监测一定区域内各低洼路段，发现积水时实现自动预警，防汛部门借助预警系统可以整体把握整个城区的内涝状况，根据实际情况决定是否应急强排，制定工作计划；交通管理部门通过该系统可获取各路段的实时积水水位，及时进行道路交通疏导及警力布置，并借助广播、电视等媒体为广大群众提供出行指南，避免人员、车辆误入深水路段造成重大损失；市政管理部门可以系统数据作为参考，结合管网信息，标注易涝区域，在城市建设改造时做出更科学的决策。

五、河长制管理下的城市内涝治理

1. 河长制推进内涝治理

全面推行河长制，是党中央、国务院部署的一项重大改革，是解决我国复杂水问题、维护河湖健康生命的有效措施，是完善水治理体系、保障国家水安全的创新。

浙江省是最早开展河长制的省份之一。2003年，浙江省在长兴等地率先开展河长制，其相关经验被其他地方借鉴，随后在嘉兴、温州、金华、绍兴等地陆续推行试点，2013 年，将河长制扩大到全省范围。近年来，浙江省委省政府陆续出台了一系列关于河长制的政策文件。

各地落实河长制工作的主线可能有所差异，有的关注水质，有的关注水量，城市化率高的地方可能更专注人居水环境、雨污分流、城市内涝、供水及污染防治等。尽管工作主线侧重以及阶段性目标有所不同，但在顶层统一目标（实现河道水环境、水生态、水资源的系统治理）之下，河长制的工作方向和思路是一致的（李伟等，2019）。实践表明，河长制在保护水资源、防治水污染、净化水环境、修复水生态、保护水域岸线等方面发挥了重要作用，也间接地推进了城市内涝治理的成效。

2. 内涝的"防"与"治"

（1）建立健全排水系统。一是对原有的排水管道要加强管理，定期检修，对已失效的零部件及时进行更换，及时清理管内淤泥，雨水井、排水口也都要定期清理；二是加强市民环保意识，以减少排水设施堵塞现象的发生；三是尽快摒弃雨水、污水混排模式，进行分类处理：污水净化回用，雨水收集留用，可以用于浇灌绿植、冲洗厕所、洗车和回灌地下水等。

（2）提高防汛排涝标准。美国、英国、日本等国家的防洪预警标准及体系建设方面有很多成功的经验值得我国借鉴。收集整理国内外相关技术标准，对比研究国内外防汛排涝标准体系，可为我国新形势下防洪标准的改进和完善提供必要的技术支持。例如，主要发达国家沿海城市防洪通道设防标准主要集中在 100~200 年一遇，海堤设防标准主要集中在 500~1000 年一遇。而我国大城市的防洪（潮）标准一般在 50~200 年一遇。另外，针对洪水过后的处理应对措施，一些国家也制定了相应的标准，而我国灾后重建工作并没有可供依据的具体技术标准（张辰，2016）。

（3）采用源头控制理念。采取各项工程性和非工程性措施对雨水径流进行源头控制，从流量削减、水质控制、对各种土地的适用条件、设计技术难度、操作维护要求等方面对各种优化管理方法进行评价。其结果表明，源头控制的有效方法包括：尽可能减少直接不透水面积，采用延时滞留调节池、截流调节池、湿地和渗透性铺面等。对于改造难度大或者用地紧张的老城区，当源头控制措施难以较快推进时，也可采取末端调蓄或者截流等措施。

（4）加强暴雨应急预案。在暴雨来临、城市内涝发生时，各相关部门应采取相应的应急预案来缓解内涝。对于城市排水系统，可以做临时调整，将部分处理污水的管网先用来排水，以及时解决路面积水问题。

（5）增加临时蓄水方式。当降雨超过排水管网设计能力时，城镇河湖、景观水体、下凹式绿地和城市广场等公共设施可以作为临时雨水调蓄设施，缓解城市内涝。

1）增大地面的可渗透性，降低地面硬化率。可将不透水的铺装材质换成透水的材质，在暴雨时期可以有助于雨水下渗。

2）保持城市水系对现有河流进行清淤净化处理，在河边修建绿地，部分绿地可以湿地模式修建。当暴雨来临时，畅通的河道仅以水位上升来蓄水，不会对周边造成影响。

3）增大绿地面积。加大绿化面积，不仅仅在城市周边，市区内更需要绿地，绿地不仅是良好的渗透设施，丰富的植被在有效地保持水土的同时也可以很好地起到涵养水源的作用。

4）广场、公园的地势可做一定的微处理，可以修建一些下沉广场或草坪、人工湿地，使其在暴雨来临时作为临时蓄水处；住宅小区内地势较低的地方可选一些洼地，平日作为活动场所，暴雨来临时则可分洪。

5）建筑的地下部分可以修建地下水库，不仅起到分洪作用，收集起来的雨水稍加处理还可以用来浇灌植物、洗车、冲厕。

（6）建设以"蓄水"代替"排水"的海绵城市。总体来看，对中国城市排水系统的建设将不再强调大管道，而是致力于建设海绵城市，使降雨通过渗、蓄、滞、净、用、排循环，并减少排放量。将水储存起来，并加以利用，使水在城市迁移得更自然。以"蓄水"代替"排水"，"海绵"可能是河流、湖泊、湿地、池塘和原来的沟渠，也可能是生态草沟，雨水花园，屋顶绿化等新的生态设施。城市建设不到万不得已时不要破坏城市天然水体，通过"海绵"的渗透、储存、净化和再利用，剩余部分的雨水通过管网或泵站送外排河道，从而有效提高城市排水系统的效率，缓解城市内涝的压力，减少水污染（仇保兴，2015）。

参 考 文 献

仇保兴，2015. 海绵城市（LID）的内涵、途径与展望［J］. 给水排水，51（3）：1-7.

郝天文，孔彦鸿，2019. 城市排水系统的困局与重构［J］. 城市规划，43（8）：103-107.

李伟，张翠芳，2019. 践行河长制：一个目标、六个统筹、三个支撑［EB/OL］. 中国水网 https：//www.h2o-china.com/news/295559.html，08-27.

刘家宏，王佳，王浩，等，2020. 海绵城市内涝防治系统的功能解析［J］. 水科学进展，31（4）：611-618.

孙俊，杨贡江，2021. 在"浙"里，守望绿水青山——浙江奋力打造生态文明建设"重要窗口"［N］. 浙江日报，3-5.

邢玉坤，曹秀芹，柳婷，等，2020. 我国城市排水系统现状、问题与发展建议［J］. 中国给水排水，36（10）：19-23.

徐万友，2018. 城市排水系统：，CN107675773A［P］.

严煦世，刘遂庆，2014. 给水排水管网系统［M］. 第 3 版. 北京：中国建筑工业出版社.

张辰，2016. 我国城镇内涝防治：由理念到标准体系建立［J］. 工程建设标准化（2）：
　　12-15.

浙江省生态环境厅，2020. 浙江省"污水零直排区"建设行动方案［EB/DLOL］. 浙江省生
　　态环境厅网站：http：//sthjt. zj. gov. cn/art/2020/6/19/art _ 1229130176 _ 47616308. html，
　　06-19.

朱智翔，2021. 浙江治水唱响绿色变奏曲［N］. 中国环境报，01-21.

中华人民共和国住房和城乡建设部，2016. 城市黑臭水体整治——排水口、管道及检查井治
　　理技术指南（试行）［S］.

第八章

全面推行河长制背景下河湖生态质量提升研究

第一节 河湖生态治理现状分析

绿水青山是人类最宝贵的财富之一，拥有健康的河湖生态系统，就意味着拥有更强大的生态红利和服务社会的可持续发展能力。然而，社会经济的高速发展，往往带来严重的水资源浪费和河湖生态环境问题。河湖管理保护是一项复杂的系统工程，涉及上下游、左右岸、不同行政区域和行业。

当前，全国 31 个省（自治区、直辖市）已全面建立河长制，由党政领导担任河长，依法依规落实地方主体责任，协调整合各方力量，不断强化河湖生态管控能力，提升管护水平，逐步实现河湖功能永续利用、人与自然和谐相处，为促进生态文明建设和经济社会可持续发展提供有力支撑。

一、河湖生态治理现状

水是生命之源，中华民族 5000 年文明一直和水息息相关，从先民们的逐水草而居到各时期的治水工程，水伴随着人类文明发展的全过程。我国治水历史悠久，几千年前就开展了大规模的治水活动。古往今来大规模水利工程建设，包括筑坝、筑堤、裁弯取直、渠道化、人工河网化等，已经使我国众多自然河流的面貌发生了巨大变化，随着我国经济社会的快速发展，人们对生存环境及城市河湖生态环境的期望值也越来越高。从现实情况来看，在城市河湖的治理过程中，一方面，片面强调防洪、排水、通航，忽视了河湖的其他功能，致使河道越挖越宽，越挖越深，越修越直；另一方面，围垦使湖泊越来越小，越来越脏。现在很多地方人进水退，人水争地，正是因为没有给河道留出足够的空间，导致部分河湖生态空间面积减少、质量下降、性质改变。

（一）研究背景及意义

未来一段时期内，水污染、水环境问题仍将是中国程度最严重、影响最突出的水问题。结构特征方面，工业废水排放具有污染物浓度高、类型多、性质复杂、治理难度大、成本高等特点，目前仍尚未得到很好的控制，而且工业还在迅猛发展，工业废水治理任务将日益艰巨。另外，城乡生活污水的治理任务也在不断加重。污染物类型不断增多、数量不断累积，正在进入复合污染和富营养化阶段，农村面源污染造成的压力不断增加，部分地区地下水污染日趋严重，流域性和区域性水环境问题凸显的态势不断增强，短期内仍难以扭转流域水质总体趋于恶化的趋势；水污染事故进入高发期，环境健康问题日渐突出；北方地区的水资源供需矛盾加重了水环境问题，而南方地区的水质性缺水问题较为突出。

与此同时，水生态问题的严重性及其所造成的影响和危害将不断增强。水资源过度使用的局面将持续存在，特别是北方河流的水资源使用率可能持续维持高位水平；水电资源开发和调度不够合理，小水电无序开发，挤占河道生态用水，影响河流生态服务功能，减少生物多样性等；地下水超采严重，造成地面沉降、海水入侵；天然湿地退化、湖泊萎缩的趋势难以在较短时间内得到扭转，并将进一步加剧水生生态系统恶化并危及生物多样性。

在此背景下，开展全面推行河长制背景下河湖生态质量提升研究，分析河湖生态治理现状，提出河湖生态治理工程应遵循的主要原则，明确河湖生态治理的主要内容，对于改善我国河湖生态环境质量、维护河湖健康生命、推进水治理体系和治理能力现代化，具有重要意义。

（二）国内外研究现状

1. 国外水治理技术

发达国家在水污染治理方面起步较早，随着工农业的迅速发展，经历了"先污染，后治理"的过程。各国根据实际国情，总结经验教训，建立了软硬件相匹配的水污染防治技术和工程，通过污水处理工程、疏通管道和水污染防治技术等措施，有效地减少了水污染现象的发生（国务院法制办公室，2008）。

例如，日本的琵琶湖历史上水质污染严重，在治理过程中采取植树造林、防风固沙等改善植被的措施，同时修筑城市基础配套设施，改造地下管道、新建改建污水处理厂、改良工农畜牧业生产灌溉设备，通过一系列措施有效改善琵琶湖水污染问题。在清溪川治理过程中，韩国政府通过复原河道、严控污废水排放量、开展集水调水和工程净水等措施，使得该流域水质得到明显改善。伦敦泰晤士河污染严重，伦敦市政府通过截留污染源、大力修建污水处理厂、综合治理河道等措施，最终实现母亲河旧貌换新颜。

2. 国内水治理技术

国内水治理技术重在对水体污染源进行控制，通过水处理物理技术、化学技术和生物工程技术（表8-1），达到对水环境的净化作用。

表8-1   **国内水环境修复治理方法**

项目	应用方法	使用范围	作用机理
物理修复法	底泥疏浚	底泥沉积，污染物多	清除污染物沉淀物质
	人工增氧	有机物污染严重水域	加速有机物分解
	生态调水	水体富营养程度高	降低富营养污染浓度
化学修复法	化学除藻	水体藻类污染严重	化学反应除绿藻
	絮凝沉淀	水体底泥中氮磷污染	化学反应固化元素
	重金属化合沉淀	水体重金属元素污染	去除游离态金属离子
生态修复法	微生物作用	水体有机污染物	吞噬有机物作用
	植物净化作用	有机污染物	植物吸收转化作用
	生物膜	有机污染物	固化污染物降低浓度

（三）全面推行河长制背景下河湖生态治理流程

1. 水域基本情况调查

对目标区域内主要河流、湖库基本情况进行调研，重点掌握行洪河道和排水河道的长度、宽度、平均水深、水体容积、主要功能等情况，进而研究水体循环圈的起止位置及对河道水质改善、汛期雨量分洪、汛期雨水蓄积产生的作用；掌握主要湖泊水面面积、平均水深、水体容积、主要用途等情况，进而研究构成水体沟通和实现水体循环的湖泊和公园或景区的联通情况和回补地下水、杂用水水源的功能。

调研水源地情况、涉水工程及重点排水户水质达标率、一般排水户达标率、水功能区达标率（中国环境科学研究院，2002），对水功能区水质限制纳污红线控制指标进行监测。

2. 分析河湖污染原因

通过调研，分析造成河湖污染现状的主要因素，例如，大型工矿企业直排废水污染、城镇和农村生活废水对水环境的污染、城镇雨污合流污染、大型畜禽养殖场排污污染、部分河流底泥污染、污水处理厂出水达标率不高等，对造成污染的原因进行分析，从而选定合理的治理方法。

3. 制定科学有效治理方法

河湖水质整体治理提升须采取系统工程方法，开展全流域整体治理。河湖污染的因素纷繁复杂，这是河道综合整治的难点所在。因此河湖综合整治应该从长远考虑，明确目标、因地制宜、综合施策、规范管理，确保水质改善效果长期稳定。河湖整治方案应该体现系统性、长效性，通过综合整治工程的全面实施，统筹考虑河湖生态功能的系统性修复（国务院，2018）。

具体而言，河湖综合整治应按照"控源截污、内源治理；水质净化、生态修复"的技术路线，科学制定治理方案。"控源截污、内源治理"是基础和前提，"水质净化、生态修复"是治理的方法。污染源得不到控制，河湖污染就不可能得到根本治理，水质净化和生态修复结果就得不到保护，所以须加大对城市污水的有效处理，做好对城市中污水的监测疏导，以防对河湖生态环境造成很大影响。为了治理好城市河湖的生态环境，需要加大对污水的有效处理，提升污水处理的效率。例如，生产和生活中的污水在进行排放之前，需要对污水中的富营养成分进行分解，以防污水排入到河湖中，造成河湖水体的富营养化。通过在城市中的郊区位置建立氧化池，将城市中的污水排入其中，进行集中化处理。同时，需要加强水环境质量监测，处理之后的污水质量达标方可进行排放，以免对河湖的水资源造成污染，河湖的生态系统压力也会随之降低。

二、河长制下河湖生态治理工程应遵循的原则

已有研究表明❶，通过科学规划，完善长效管护机制，以注重生态系统可持续性需求的修复方式来开展河湖生态治理工程应遵循以下三项原则（中华人民共和国住房和城乡建设部，2015）。

1. 工程安全性和经济性

河湖生态治理是一种综合性工程，在此过程中既要满足人的需求，包括防洪、灌溉、供水、发电、航运以及旅游等需求，也要兼顾生态系统可持续性的需求；既要符合水利工程学原理，也要符合生态学原理。工程设施必须符合水文学和工程力学的基本规律，以确保工程设施的安全、稳定和耐久性。工程设施必须在设计标准规定的范围内，能够承受洪水、侵蚀、风暴、冰冻、干旱等自然力荷载。按照河流地貌学原理进行河流纵、横断面设计时，必须充分考虑河流泥沙输移、淤积及河流侵蚀、冲刷等河流特征，动态地研究河势变化规律，保证河流修复工程的耐久性。在规划设计过程中进行方案比选，要重视生态系统的长期定点监测和评估。另外，充分利用河湖生态系统自我恢复规律，往往是以最小的投入获得最大产出的技术路线。

2. 景观整体性和流域生态合理性

河湖生态修复规划和管理，应该在大景观尺度、长期和保持可持续性的基础上进行，而不是在小尺度、短时期和零星局部的范围内进行。在大景观尺度上开展的河湖生态修复，其效率往往较高；小范围的生态修复不但效率低，其成功率也低。所谓"整体性"是指从生态系统的结构和功能出发，掌握生态系

---

❶　参考《河湖生态系统保护与修复工程技术导则》（SL/T 800—2020）。

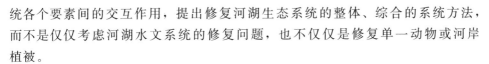

统各个要素间的交互作用，提出修复河湖生态系统的整体、综合的系统方法，而不是仅仅考虑河湖水文系统的修复问题，也不仅仅是修复单一动物或河岸植被。

3. 改造方案可持续性

生态系统的演进是一个过程，河湖修复工程需要时间。从长时间尺度看，自然生态系统的进化往往需要数百万年时间。进化的趋势是结构复杂性、生物群落多样性、系统有序性及内部稳定性均有所增加，同时对外界干扰的抵抗力有所增强。从较短的时间尺度看，生态系统的演替，即一种类型的生态系统被另一种生态系统代替也需要若干年的时间，不可能一蹴而就。

第二节　河湖生态治理的主要内容

一、河湖污染源调查

（一）监测分析断面水质

对目标水域选取监测分析点位，根据实际情况，结合当地周边生产、生活特点，现场取样检测分析相应水质污染情况，可用于监测不同点位 COD、$NH_3 - N$、TN、TP 等多项水质指标的平均值。

（二）污染源调查

1. 污染源调查方案

影响地表水环境质量的污染物调查主要分为以下几类。

（1）点源调查。点源是指以点源形式进入城市水体的各类污染源，主要包括排污口直排废水、合流制管道雨季溢流、分流制雨水管初期雨水或旱季流水、非常规水源补水等。调查内容主要包括污染物来源、排污口位置、污染物类型、排放浓度及排放量。

（2）面源调查。面源是指以非点源（分散源）形式进入水体的各种污染源，主要包括各类降水所携带的污染负荷、城乡结合部地区分散式畜禽养殖废水的污染等，通常具有明显的区域和季节性变化特征。主要调查内容包括城市降雨污染特征及时空变化规律、城市下垫面特征、畜禽养殖类型及其污染治理情况等。

（3）内源调查。内源主要是指城市水体底泥中所含有的污染物以及水体中各种漂浮物、悬浮物、岸边垃圾、未清理的水生植物或水华藻类等所形成的腐败物。主要调查内容包括水体底泥厚度、颜色、臭味及主要污染物特征；岸边垃圾、水生植物及其腐败情况等。

2. 污染源成因调查

（1）污染源成因调查的目的。河湖污染源成因调查主要围绕接入河湖的排水管网、管渠展开，确认汇入河湖的水体中是否存在问题，确保达标排放。

（2）农业污染源成因调查。农业污染源的形成是因为农业生产的需要，各种氮磷肥和农药的施用，很大一部分通过地面径流进入河湖，造成河湖水体富营养化。部分河湖并没有自然驳岸对地面径流进行截流，甚至有些农民将驳岸开垦为农田，这更加剧了各种氮磷肥和农药进入河湖，加重了河湖的污染。

（3）畜禽养殖污染源的主要成因为未经处理的畜禽废水中含有大量的污染物质，其污染负荷较高，这种高浓度的有机废水直接排入河湖水体或随雨水冲刷进入河湖水体会大量消耗水中的溶解氧，使水体遭到污染。废水中含有大量的氮磷等营养物质会造成水体的富营养化，排入河湖会使敏感的水生生物逐渐死亡，严重者甚至导致河湖丧失使用功能。

（4）生活污水污染源的主要成因为部分乡镇农村没有污水收集系统，农村污水未经任何处理直接排入河湖中，超过了河湖的收纳能力，引起河湖水质恶化。

（5）农村垃圾污染的主要成因为村民未在指定垃圾收集点投放垃圾，随意在河边等场地丢弃，甚至将垃圾直接扔入河湖内，垃圾堆积后，大量垃圾渗滤液排入河湖，污染周边水环境。

（6）河湖底泥污染的形成是因为河湖水体受到严重污染后，底泥也会受到相应污染。底泥中沉积了大量的重金属、有机分解物和动植物腐烂物等。在一定条件下，这些污染物会从底泥中溶出，使水质恶化，同时散发恶臭，造成河湖内源污染。

（7）工业污染源的形成是因为流域周边企业、工业园区不满足流域水污染物排放标准，企业的污废水处理设施不能达到要求，将未达标的废水排入河湖所产生的。

3. 常用污染源调查方法

城市河湖治理的本质核心问题是水的治理，众所周知"问题在水里，根源在岸上，核心在管网"，不解决污染源头排放，只对河湖水质进行治理通常事倍而功半。因此，城市排水管网的整改和治理是河湖生态治理的重中之重，如何精准排查到污染源头是首要工作。

常用管网污染源检测技术包括：电子潜望镜检测技术（Quick - Uideo，QV）、闭路电视检测技术（Closed Circuit Television，CCTV）、声呐检测技术等。检测工作在按照《城镇排水管道检测与评估技术规程》（CJJ 181—2012）（中华人民共和国住房和城乡建设部，2012）执行的前提下，浙江华仕管道科技有限公司利用自身拥有的强大管网检测设备研发团队，运用先进的管网检测技术自建了检测、评估、施工体系，详细介绍如下：

（1）QV检测。QV为便携式视频检测，操作人员使用摄像头操作杆（一般可延长至5.5m以上）将摄像头送至窨井内的管道口，通过控制盒调节摄像头和照明以获取清晰的视频或图像。数据图像可在随身携带的显示屏上显示，同时可将视频文件存储在存储器上。该设备对窨井的检测效果好，简便、快捷、操作简单，适用直径150～2000mm。QV检测设备及检测结果如图8-1所示。

（a）QV检测设备   （b）现场作业状态   （c）QV检测设备检测结果

图8-1 QV检测设备及检测结果

（2）CCTV检测。CCTV为管道闭路电视检测，是使用最久的检测技术之一，也是目前应用最为普遍的方法。CCTV的基本设备包括摄像系统、灯光、电线（线卷）、监视器、电源控制设备、承载摄影系统的支架、爬行器、长度测量仪等。检测时操作人员在地面远程控制CCTV检测车的行走并进行管道内的录像拍摄，由相关的技术人员根据这些录像进行管道内部状况的评价与分析（图8-2）。

（3）声呐检测。排水管道声呐检测系统适用于满管或半满管水的管道检测工作。可对直径400～5000mm的排水管道内部的轮廓变形和破裂以及沉积物的整体形状进行清晰的扫描。扫描声呐安装在特殊梭形漂浮装置上，可顺流前进或在牵引电缆、牵引车的牵引下前进，利用水中声波对水下环境结构进行扫描探测，并可以将管道的各种机械变形、缺陷、沉降、错位、断裂、淤堵的声呐图像同步清晰的传送到地面上的彩色PC监控器上，并通过软件处理声呐提供的图像，计算管道中沉积物的数值（图8-3）。

管网现场检测后，还应对检测结果进行客观评估，以制定科学有效的治理方案，常见的管网状况评估包括以下几类。

（a）CCTV检测设备

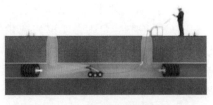

（b）现场作业状态

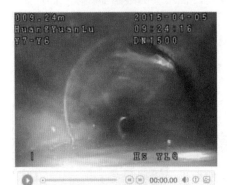

案例—污水管暗接进雨水管

案例—雨污合流井（晴天污水横溢）

（c）CCTV检测设备检测结果案例

图 8-2　CCTV 检测设备及结果

（a）声呐设备

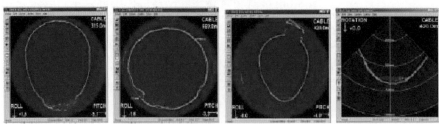

（b）声呐设备检测结果

图 8-3　声呐设备及检测结果

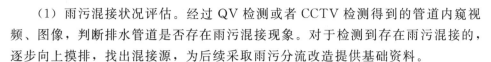

（1）雨污混接状况评估。经过 QV 检测或者 CCTV 检测得到的管道内窥视频、图像，判断排水管道是否存在雨污混接现象。对于检测到存在雨污混接的，逐步向上摸排，找出混接源，为后续采取雨污分流改造提供基础资料。

（2）管网结构性状况评估。管网结构性缺陷主要包括脱节、破裂、胶圈脱落、错位、异物侵入等，是导致地下水入渗管道和污水外渗的主要原因。根据管道存在的结构性缺陷，评估判断管道的损坏程度，并依据评分结果给出管道的修复建议。

（3）管网功能性状况评估。功能性缺陷主要包括管道内淤泥和建筑泥浆沉积等，不及时清除会影响水体水质和管道排放功能。根据管道存在的功能性缺陷，评估对管道功能的影响程度，并依据评估结果，给出管道的维护建议。

二、排水管网的改造和修复

通过管网污染源头排查检测，判断管道是否存在缺陷问题，找出管道中结构性缺陷和功能性缺陷的类型、位置、数量和状况，有针对性地采取混接改造或者修复措施，有效治理污染源头。

（一）管网分流改造

1. 原则

根据管网检测结果，对存在混流的管网进行分流改造。雨污分流改造应遵循以下原则：

（1）正视现实，一定时期内允许雨污合流体制的存在。

（2）排水系统改造尽量结合旧城改造，减少工程拆迁和破路，降低施工难度和施工造价。

（3）尽量利用现有设施和条件，改善排水能力。

（4）以管代改，加强管理措施，减少改造等工程措施。

2. 方式

针对区域的具体情况，分为以下几种方式：

（1）增加区域公共厕所的建设，减少粪便等污物直接进入雨水口和排水管线。

（2）对于自然地势高差较大的区域，可将雨水口封堵，雨水采取地面径流方式，至城市主干道路位置进行截流，进入雨水管线；现状雨污合流管线作为污水管线，仅接纳各户厨余污水，接入主干污水管线，达到雨污分流的目的。

（3）对于其他雨污合流管道，进行污水截流，接入污水主干管线；设沉沙溢流井，汛期溢流进入雨水管线。

（4）对有近期旧城改造规划的，加强日常管理，待旧城改造时进行排水设施雨污分流改造。

（5）逐个清查原有合流管接户井接入管性质，然后按照"雨接雨、污接污"进行改造。

（6）对于本身具备雨污分流排水系统，确定现状街区内雨污管道的排放口位置后，待市政道路雨污分流改造工程完成后，依据市政道路预留的雨、污水接入口进行排放口改造。

（7）鉴于雨水管道接入部分污水的负面影响远大于污水管道接入部分雨水，因此合流街区内的雨污分流改造应优先考虑新建一套雨水收集系统，并确保新建雨水系统中无污水接入（图8-4）；原有的合流排水系统与截污管道相结合，通过封闭拍门，转变为闭合的污水收集系统，此系统中少量雨水进入是可接受的（图8-5）。

图8-4　雨污分流改造示意图

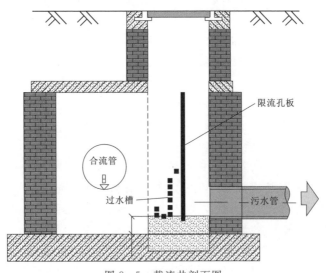

图8-5　截流井剖面图

（二）管网修复

管网修复根据现场情况综合考虑采取开挖修复或者非开挖修复。开挖修复施工同管网新建施工，并参照《城镇排水工程施工质量验收规范》（DG/T J08 - 2110—2012）（住房和城乡建设部，2012）、《给水排水管道工程施工及验收规范》（GB 50268—2008）等相关规范、规程执行。管网非开挖修复技术主要针对使用年限未满的破损管道，对其局部渗漏、裂缝、脱节、错位等缺陷进行整体或局部修复。管体结构完好，使用不到 10 年，接口出现小面积裂缝、错位等，一般采用局部修复，其操作简单、施工便利；若局部修复无法满足管道修复要求，或施工难度较高（人员难以进入的管径小于 800mm 管道，相比大管径管道，局部修复的施工难度相对较高），则宜采用整体修复或更换的方式，对全段管道进行更新和维护。

1. 排水管网开挖修复

（1）设计目标。以往的河湖治理往往偏重水利灌溉、排水泄洪，造成护岸硬化、渠化现象严重，加之两岸居民生活污水、垃圾的排入，导致很多河道变成臭水沟，水生物无法生存，生态系统遭到极大破坏。在日益严峻的河湖生态环境危机中，城市的建设者们应遵循河湖生态治理的原则，从现代社会破坏河湖生态的源头寻找有效的解决方案，让河湖生态得到科学可持续的治理。

针对排水系统存在的溢流污染、混流严重的区域，完成截留改造、雨污分流改造，并根据项目规划，完成管网工程建设，实现雨、污水的有效收集。

（2）技术路线。通过现场调查，了解区域管网情况。对于已建管网地区，采用专门的检测设备对管道和检查井进行专业检测，以发现管道是否存在缺陷。

（3）管网建设工艺技术。基于项目所在地总体布局，结合地形特点、水文条件、水体状况、气候特征、原有排水设施、污水处理程度和处理后出水利用等因素，合理布设排水管网，既技术先进，又切合实际、安全适用，形成良好的生态环境效益、经济效益和社会效益。

1）排水体制与收集模式的选择。按照来源，可将污废水分为生活污水、工业废水和雨水三种类型，既可采用一个排水系统（合流制）排出，也可采用各自独立的排水系统（分流制）排出。其中合流制又分为直排式合流制与截流式合流制两种。前者是将排出的混合污水不经处理直接就近排入水体，后者则是在合流干管与截流干管交接处设置溢流井，超出处理能力的混合污水通过溢流井直接排入水体。分流制又分为完全分流制与不完全分流制两种。前者包括独立的污水排水系统和雨水排水系统；后者只有污水排水系统，未建立完整的雨水排水系统。合流制与分流制排水体制的对比分析见表 8 - 2。

表 8 - 2　　　　　　　　　合流制与分流制排水体制的对比分析

项目	合　流　制		分　流　制	
	直流式	截流式	完全分流式	不完全分流式
环境保护	排污口多，污水未处理，不满足环保要求	晴天污水可以全部处理，雨天存在溢流污染	污水全部处理，初期雨水未处理，但可以采取收集措施	污水全部处理，初期雨水未处理，且不易采取收集措施
工程造价	低	管渠系统低，泵站、污水处理厂高	管渠系统高，泵站、污水处理厂低	初期低，长期高
日常管理	管理不便，费用低	管渠管理简便，费用低；污水处理厂、泵站管理不便	容易	容易

通过比较可知，完全分流制工程的造价虽然较高，但是环保收益较大，管理也比较方便。按照我国《室外排水设计规范》（GB 50014—2014）（中华人民共和国住房和城乡建设部，2014）中的规定，在新建地区排水系统一般采用分流制。由于城镇和农村的环境现状、环保要求、经济水平等差异，在排水体制选择、雨污水收集方面应区别对待。

对于城镇新建地区，可综合考虑城市的地形、排水设施状况等因素，采用完全分流制的排水系统（雨污分流制）集中收集处理。

对于农村地区，应首先解决污水放任自流的现状，完成污水管网的敷设。但农村不同于城市，污水排放面广而分散，规模较小，人口居住密度较低，住宅较为分散，因此不宜采用传统的城市污水收集及处理模式。故须根据农村的特点，结合地形地貌，因地制宜地采用多种收集及处理模式，才能有效地解决农村污水治理问题。依据现场调查状况，并结合国内、国际乡村污水治理的先进经验，归纳出当前在农村地区主要有三种污水收集处理模式，分别为集中布置模式、分散布置模式、管网截污模式。

2）定线原则。雨污水主要是采用重力流，即通过自然重力实现水体的流动。因此，在考虑管线布设方案时，主要考虑的是地形条件，尽量利用原有地形，少设或不设提升泵站。除此之外，还应考虑路线短捷、施工方便，避免与已建成的其他管线位置冲突，少拆迁或不拆迁，降低扰民影响，确保企业正常的生活、生产秩序，加强对各种名胜古迹、名木树种的保护，还应考虑管道敷设在地质条件较好的路段以降低工程造价，同时便于管道的维护管理。管网的布置应遵循协调性、整体性、长远规划性、经济效益性、可实施性、实事求是等六大原则。如管网沿人行道或绿化道布设，避免破坏主通行道的整体性、协调性，管网设计时还应考虑周边区域规划，要能满足未来一段时间的使用需求，同时和实际的预算条件、施工条件相结合，以达到经济效益利用最大化。

3）设计方案。结合当地水文条件和各个排水区域的具体情况，在遵循定线原则的前提下实现雨污水的有效收集，设计时要注意各种管材的粗糙系数，避免计算流速和充满度时的误差。各种材质的排水管渠粗糙系数见表8-3。

表8-3　排水管渠粗糙系数

管渠类别	粗糙系数 n	管渠类别	粗糙系数 n
UPVC管、PE管、玻璃钢管	0.009～0.01	浆砌砖渠道	0.015
石棉水泥管	0.012	浆砌砖石渠道	0.017
陶土管、铸铁管	0.013	干砌块石渠道	0.020～0.025
混凝土管、钢筋混凝土管	0.013～0.014	土明渠（包括带草皮）	0.025～0.030

下面对设计时需要重点参考的主要参数进行对比：

a. 设计充满度和超高。重力流污水管道应按非满流计算，其最大设计充满度见表8-4，雨水管道按满流计算，明渠超高不得小于0.2m。

表8-4　最大设计充满度

管径或渠高/mm	最大设计充满度	管径或渠高/mm	最大设计充满度
200～300	0.55	500～900	0.70
350～450	0.65	≥1000	0.75

b. 设计流速。金属管道和非金属管道最大设计流速分别为10.0m/s和5.0m/s。非金属管道最大设计流速经过试验验证可适当提高。污水管道在设计充满度下最小设计流速为0.6m/s，雨水管道和合流管道在满流时最小设计流速为0.75m/s，明渠最小设计流速为0.4m/s。

c. 设计坡度。排水管道的最小管径与相应最小设计坡度的关系见表8-5。

表8-5　最小管径与最小设计坡度关系

管道类别	最小管径/mm	相应最小设计坡度
污水管	300	塑料管0.002，其他管0.003
雨水管、合流管	300	塑料管0.002，其他管0.003
雨水口连接管	200	0.01

4）管材选择。目前国内的市政管道，主要有钢筋混凝土管、钢带增强PE波纹管、HDPE双壁波纹管、玻璃钢夹砂管等几种管材，分别用于不同的情况。从价格方面比较，钢筋混凝土管材价格最便宜，钢带增强PE波纹管、HDPE双壁波纹管、增强聚丙烯模压管和玻璃钢夹砂材价格较接近，相对HDPE双壁波

纹管价格略有优势。

5）技术措施。按照开挖沟槽—管道基础—安装管道—砌筑井室—闭水试验—沟槽回填的顺序完成管网新建。

在施工前，应将所有现况管线及下游现况管线的位置、高程进行复测，在确保无误后方能开始施工。管线开工前期测定管线中线、检查井位置、建立临时水准点；测定管道中心时，在起点、终点、平面折点、纵向折点及直线段的控制点设中心桩；在挖槽见底前、灌筑混凝土基础前、管道铺设或砌筑前，应及时校测管道中心线及高程桩的高程。

2. 排水管网非开挖修复

主要非开挖修复技术包括 CIPP 紫外光固化法、CIPP 翻转内衬法、不锈钢环扣局部修复法等。

（1）CIPP 紫外光固化法。使用激光器发出的紫外光有选择地扫描光敏树脂表面，利用光敏树脂遇紫外线凝固的机理，固化光敏树脂，达到修复管网的目的。

1）工艺流程。紫外光固化法是将玻璃纤维增强的软管拉入待修复管段，接着用压缩空气使软管张开紧贴旧管内壁，然后使用紫外光加热固化软管，形成一层坚硬的"管中管"结构，从而使已发生的破损或失去输送功能的地下管道在原位得到修复。

紫外光固化法修复工艺流程是：前期勘察、设计—堵水、调水—管道清洗—检测　管道预处理—紫外光固化修复（施工准备—软管拉入—捆绑扎头—软管充气扩张及紫外光固化—卸掉扎头）—端口处理—CCTV 检测—拆除管堵。

2）工艺措施。紫外光固化法省去了搭架、翻转、用水等环节，实现了环保、经济、非开挖修复的优越性，具体工艺措施见表 8-6。

表 8-6　　　　　　　　　　紫外光固化法工艺措施

过　程	具　体　措　施
管道预处理	在紫外光固化前，要先对管道进行清淤、管道脱节预处理、管道缺陷处理，使管道内部畅通，管内表面平缓，没有尖锐突出物，没有淤泥沉积及水流的涌入，保证管道的稳定性及避免后续的病害源，符合固化要求后，才能进行管道紫外光固化施工
施工准备	根据现场条件确定软管的拉入方向，将内衬管及紫外光固化车摆放到位，搭设遮阳帐篷，安装导向滑轮，处理扎头，且在扎头端部两端捆绑止水带
软管拉入	为减少软管拉入过程中的摩擦力和避免对软管的划伤，拉入软管之前应在原有管道内铺设垫膜，垫膜置于原有管道底部，并应覆盖大于 1/3 的管道周长，垫膜拉入后应在井底固定并安装导向滑轮。软管拉入时应沿管底的垫膜将浸渍树脂的软管平稳、平整、缓慢地拉入原有管道，拉入速度不得大于 5m/min，拉力不得大于 245kN

续表

过　程	具　体　措　施
捆绑扎头	软管拉入管道后，在软管端口用扎带捆绑扎头，选用的扎头应比管道直径略小，检查井井口较小时，采用可拆开组装的扎头，下入检查井后进行组装。每个扎头上应捆绑至少三条扎带，特殊情况下，可以在地面将扎头捆绑好后再拉入原有管道
软管充气扩张及紫外光固化	软管拉入后，通过压缩空气使软管充分膨胀扩张紧贴原有管道内壁，压力以 10mbar/min 的速度均匀增加至 100mbar，然后再以最大 50 mbar/min 的速度增到 150 mbar，使软管充分扩张，再将压力缓慢升到 250mbar，至少保持 10min。停止充气，打开扎头，迅速将紫外光灯灯架放入扎头内。合上扎头盖板锁紧并充气保压，并将灯架移至管道另一端。开灯后检测管内温度，开始回拉灯架时速度控制每分钟 0.3~0.5m，并保证管内温度都在 80℃ 以上。灯架回拉至检查井管口后停止约 3~5min 后顺次关掉灯。固化过程中内衬管内部应保持压力，使内衬管与原有管道紧密接触
卸掉扎头、端口处理	待软管固化完成后，缓慢释放管道内的压力，待管道内压力降到周围压力后，卸掉扎头，取出灯架，回拉内膜。采用专用工具切除内衬管端口的缩径部位，使得内衬管端口与原有管道端口平齐

该技术适用于管径范围为 DN150~1600mm，适合于圆形、方形及其他特殊形状截面的管道，可以在管道内 30rad 内弧范围进行修复，修复效果如图 8-6 所示。

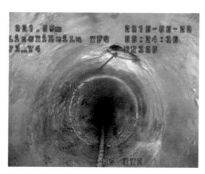
（a）修复前

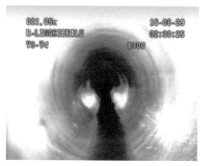
（b）修复后

图 8-6　紫外线光固化修复前后对比

（2）CIPP 翻转内衬法。CIPP 翻转内衬法的主要技术原理为：根据待修复管道情况设计制造软管（该软管是一种具有防渗透耐腐蚀保护膜的纤维增强复合软管），然后将之灌进热固化性树脂（即环氧基聚合物及合成树脂）后制成内衬软管。施工时利用翻转法将该内衬软管送入需修复管道内以后，利用水压和空气压使该软管膨胀并紧贴在旧管道内，通过温水循环加热（管道内部的水加热至 70℃ 左右，一段时间加热至 90℃，时间充分），在规定的设计时间内，使软管固化成型，在旧管道内即形成一层高强度的内衬新管。

1）工艺流程。CIPP 翻转内衬法工艺流程如下：确定作业段，管道断水—CCTV 检测—管道清洗—CCTV 检测—翻衬作业—固化作业—管端口处理、CCTV 检测—闭水试验及验收—原井恢复、作业坑回填、路面恢复。

　　2）工艺措施。施工时注意做好现场交通维护，主要工艺为排水管网封堵与临时排水、管网清洗与修复预处理、CIPP 修复软管翻入及加热固化成型，具体工艺措施见表 8-7。

表 8-7　　　　　　　　　　　　　CIPP 翻转内衬法工艺措施

过　程	具　体　措　施
堵水与抽水	①管道堵水施工时，应根据相应管径采用相应堵水器，在使用堵水器之前先检查堵水器外径皮圈是否完整无缺，设置堵水器应将位置安装正确，确保管道无渗漏水现象； ②在业主提供施工用电接入点的基础上，设置三箱五线制合理布置施工用电并准备好应急发电机； ③根据上游管径大小及水流量确定水泵功率及数量，确保上游水位保持平衡并派专人进行值班巡逻及时检查水泵、水管的运行情况
清洗管道	在清洗管道施工时应确保管道上下游堵水完好，采用管道清洗器进行管道清洗并及时清理管内壁污垢，使内侧管壁无杂物无毛刺。管道清洗可采用化学清洗、PIG 物理清洗、高压水冲洗等。对于难于清除的垢障碍或尖锐毛刺，须用"拉皮牛"的方法继续清洗。全部清除管道中的杂质，基本清除管道内壁上的垢质，确保管道内存修复的顺利拖入
翻转内衬与固化	①安装翻转架：在修复管道的一端上方安装，固定翻转筒与翻转弯头，其翻转弯头应与管道在同一平面上； ②内衬前准备：翻转水源、上水流程、管道末端接收筒安装等准备工作完好后，现场浸渍翻转软管； ③内衬：浸渍后的软管一端在翻转弯头上固定好后，与管道对接固定，上水控制一定的水位进行翻转。翻转的过程，固定在翻转控制绳上的加热软管进入管道中。或通过机械拉力将内衬关拉入管道内部； ④固化：确认软管翻转到末端后，利用进入管道中的加热软管、燃油锅炉、缓冲槽、耐热泵等设施连接加热流程，对管道中的水进行加热，水温达到 50℃ 以上后，停止加热，固化 20h 后，并确认管段首末端已经固化，此时，放水并撤离翻转架与其他设施；或进行自然固化； ⑤中间排水检查井处理：对翻转后两端毛边进行切割处理，采用黏合剂密封衬层与原管形成的空隙，固化后，也可以采取挡圈形式进行密封。对于中间检查井的上半部分，可以将翻转过的衬层切割取下，同时采用黏合剂密封衬层与管道的间隙

　　注　所谓"拉皮牛"就是把类似 PIG 的清管器穿在钢丝绳上，两端用绞车来回拉，直至把管内垢类清洗干净，把障碍毛刺打磨光滑。

　　使用 CIPP 翻转内衬法修复管网施工周期短、工作面小、修复后耐久实用，修复效果如图 8-7 所示。

　　（3）不锈钢环扣法局部修复。不锈钢环扣法局部修复即在旧管道内部穿插内衬薄壁不锈钢管，或将不锈钢板材用卷板形式在管道内部进行焊接，随后在和母管结合处注入修复浆液，使不锈钢与母管黏结成型。不锈钢内衬技术具有施工周期短、临时占地面积小、安全可靠、不阻碍交通及不破坏周围环境等显著特点（图8-8）。

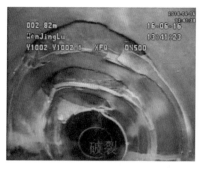 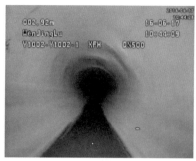

（a）修复前 （b）修复后

图8-7 CIPP翻转内衬修复前后对比

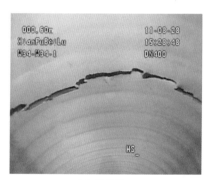 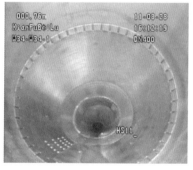

（a）修复前 （b）修复后

图8-8 不锈钢环扣法局部修复

三、河湖清淤及生态系统修复

（一）河湖治理中的设计思路

1. 建设曲折多变的水流形态

改变以往惯用的治河几条大直线的做法，根据河势，制造丰富多变的河底线、河坡线，在有可能与河边绿地相结合的地方，修建蜿蜒曲折的水路、水塘，创造较为丰富的水环境，改变原来呆板、单调的河道模式。

2. 修建主槽与滩地相结合的断面形式

城市河道平时只排泄处理后的城市污水，流量很小，只有汛期才可能发生较大流量的洪水，平时和汛期对河道断面的需求差别很大。因此，有条件在河中修建主槽，平时保证少量水体在槽内流动；在滩地修建湿地或进行绿化，甚至可以提供人们休憩的场所，充分发挥河道的多种功能。

3. 合理选用护坡材料

尽量减少使用现浇混凝土、混凝土板、浆砌石等阻断水和空气交换的硬质护坡材料，改用干砌石、卵石笼、大块石等更为通透的材料来防止水流的冲刷，并可在这些材料之间和表面覆土，促进植物的生长。同时，适当开发利用"植物生长砌块""火山岩植生材料""土工笼"等新型材料。开发利用植物护坡，可采用木桩与植物梢、棍相结合的护岸形式，或在坡面分层栽种柳条等当地土生植物，形成植物为主的护坡工法。采用草坪和野生草种相结合的做法，草坪草对管理要求高、需水量大，适宜在人群比较集中的场所栽种；野生草种生命力强，适宜各种不同的河边环境，可在普通河段采用。

4. 合理采用蓄水坝和节制闸

实践证明，通过蓄水坝和节制闸在河道内形成大面积水面的做法，由于水量不足，往往达不到设计的水位，水质并没有彻底改善。即使水位达到了，由于水体不流动，很快造成水质恶化，不能达到预想的效果，且增加了很多人力成本，加大了防洪调度的难度。因此，在以后的城市河道治理中，建议放弃建节制闸，改为修建多点小型石材跌水的做法。这样既能在河道中形成深潭、浅滩等不同形态的变化，利于水生动植物的生长，也能利用跌水形成多级曝气，对净化水体大有好处。

（二）河湖清淤

河道、湖泊中的底泥是重要的污染物蓄积库，来自各种途径的废物垃圾等污染物经过一系列的物理、化学作用，其中大部分沉积到湖泊、河流的底部，成为最主要的内负荷。当外源污染减少或被截污后，沉积在底泥中的污染物会逐步释放，导致水质恶化。河湖清淤是解决河道、水库内源污染的重要措施，其主要目的是通过底泥的疏浚去除底泥中所含有的污染物、沉积物，从而清除污染水体的内源，减少底泥向河道水体释放污染物。

1. 设计目标

清淤工程主要目标是清除河湖底部的淤泥、垃圾，恢复河道设计断面、设计过流能力、湖库蓄水能力，增加河湖的有效灌溉面积，减轻流域的防洪压力，消减内源污染负荷（中华人民共和国住房和城乡建设部，2011）。

2. 设计原则

河湖清淤工程，应遵循以下原则：

（1）在清淤时，应以河道恢复设计断面为主，保证设计过流能力。

（2）清淤过程中，应以保证河岸已建河堤稳定为前提，避免对河岸堤防基础进行开挖或扰动，影响河堤稳定。

（3）河床已有底板衬砌或者硬化处理的，清理至原衬砌底板高程；河床底板未衬砌的，按原设计底板高程结合已成挡墙的实际基础高程、涉河建筑物的过流底板进行控制，通过清淤尽可能与原设计纵比降一致。

清淤工程还应该遵循生态清淤的基本原则，科学合理地处置利用清理出的淤泥，防止淤泥造成二次污染。针对不同清淤段的情况，因地制宜地选择适宜的清淤及淤泥处置方案。

3. 工艺设计

河湖生态环保清淤工程不同于普通疏浚，它是一种工程、环境、生态相结合的修复技术，具有系统化施工的特点，包含淤泥开挖、淤泥运输、淤泥处置和余水处理等主要技术环节。

（1）工艺的选择。

1）清淤技术。目前清淤方式有很多，可分为干水清淤、带水清淤两种。

2）淤泥处理处置技术。

a. 减量化处理技术。减量化处理技术即脱水技术，目前使用的技术主要包括自然干化、真空预压、机械脱水、电渗井点干化、土工管袋脱水和干式热脱水等六种。

b. 资源化处置技术。目前，针对淤泥的处置方式主要包括土地利用、材料利用、焚烧固结这三类。其中，这三类处置方式又可以细分为绿化用土、农业用土、湿地建设、垃圾填埋场覆土、制砖制陶、场地回填材料、路堤材料等。

（2）工艺流程图。目前河湖的清淤工程既有传统清淤的"疏通"目的，即提供排涝、防洪、灌溉功能保障；也有改善河道水质，促进生态系统健康的目的。因此形成了一套河湖清淤项目常用的工艺流程，如图8-9所示。

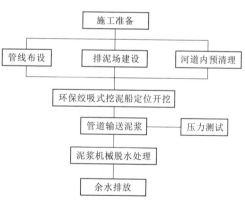

图8-9 河湖清淤工艺流程图

（3）工艺单元设计。

1）带水清淤——环保绞吸式清淤。使用环保绞吸式挖泥船，该类型挖泥船装配了环保绞刀头，采用先进的定位桩台车系统，可分体拆装（见图8-10）。

图 8-10　环保绞吸式挖泥船

接力泵船：施工排距较远时，超过环保绞吸式挖泥船的额定排距，需配备接力泵设备接力施工，可投入接力泵船。接力泵船选用与环保绞吸式挖泥船主机、泥泵同类型设备，泵、船同特性连接，保证施工生产稳定（图 8-11）。

图 8-11　接力泵船

输泥管道：常用输泥管道形式分为浮管、潜管和岸管（图 8-12）。

图 8-12　多种输泥管道

环保绞吸式挖泥船作业主要包括清淤作业、河道内预清理、挖泥船清淤三个步骤。

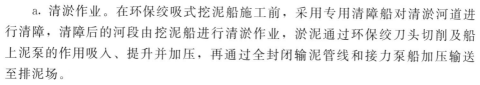

a. 清淤作业。在环保绞吸式挖泥船施工前，采用专用清障船对清淤河道进行清障，清障后的河段由挖泥船进行清淤作业，淤泥通过环保绞刀头切削及船上泥泵的作用吸入、提升并加压，再通过全封闭输泥管线和接力泵船加压输送至排泥场。

b. 河道内预清理。由于河道水下垃圾杂质较多，容易对环保绞吸船清淤效率产生影响，故在河道清淤前，先采用专用清障船进行河道垃圾预清理，最大程度清除清淤断面内的石块、钢丝和编织袋等杂物，通过小型驳船将清理物运输至临时码头，再通过挖掘机将垃圾装入自卸汽车运输至垃圾处理站进行处置。

c. 挖泥船清淤。将河道按施工长度平均划分为若干段作为施工区，施工区内再按 200m 一段划分施工单元。

2）淤泥处置土地利用。淤泥处置主要采用绿化、农业、湿地建设等方式。

疏浚底泥作为绿化用土是有效的资源利用途径。经过处理的淤泥可施用于林地、园林绿地、城市道路、河道岸坡，底泥应经过脱水后，且含水率可达到植物适宜值时，再经厌氧消化或高温好氧发酵等方式进行无害化处理，处理过程中要防止恶臭污染。最终，对病原菌超标和有机物分解降解不充分的底泥，通过堆肥方式使得有机物基本转化成稳定、无臭的腐殖质后可作为绿化土。

大部分地区的疏浚底泥污染物成分简单、浓度低，且含有机质及植物生长所必需的营养元素。对有机质和营养物质含量高且重金属和有机毒物不超标的底泥，因其理化性质与土壤接近，可直接作为农业用土。

处理后的淤泥还可以作为湿地景观或是浅滩湿地等的堆填材料，结合实际情况，在大型湖荡中心或周边可以规划湿地公园，部分湖荡可以规划浅滩湿地，即直接在湖荡规划浅滩湿地的位置处吹填淤泥，用于浅滩湿地的这部分底泥甚至可以不经过脱水干化处理，直接通过挖泥船吹填至需要堆填的位置即可。

3）余水处理。河湖清淤项目中，底泥处置过程中产生的余水，应远离排水口吹填施工，按淤区地形，适当设置格埂，以促使吹填泥浆在格埂的作用下沿最长的流径进行物理沉淀，以有效降低余水浓度。

经过物理沉淀的余水，再通过化学絮凝法进一步处理，通过在余水中按比例投加一定量的絮凝剂，并通过混合、絮凝、沉淀，降低疏浚余水的 SS 及COD、TP、TN 等污染物的含量，其优点在于不需动力、操作弹性大、对水质水量变化的适应性强、设施要求不高、场地搭建成本低等。

（三）河湖生态系统修复

1. 设计原则

河湖生态修复应遵循以下原则：

（1）近自然原则。充分利用周边自然条件、微生物营造自然和谐的环境条件，并满足人们亲近自然、亲近水体的需求。

（2）多样性原则。包括物种多样性、生物多样性、功能多样性等，有助于使整个生态系统持久稳定，从而增加水体自净能力。

（3）景观性原则。尽量营造简洁淳朴、具有水乡风情的景观。

（4）经济性原则。在保证园区的水体质量，实现水清、岸绿、景美的工程目标的基础上，充分考虑建设、运行及养护的经济性。

（5）整体性原则。与建设位置的自然条件、周边环境相适宜、协调，不影响区域规划的其他功能。

2. 设计目标

驳岸实现陆生植被、滨水区植被与水生植被的有机结合，最终构成一个具有良好景观效果、生态净化功能，有利于行洪功能的生态河湖驳岸。针对河湖水体，旨在建立一个健康的、自身结构稳定、具有较高水质稳定性和景观美化能力并对外来污染物有一定承载力的系统，与管网截污、污水处理、湿地系统、水体补水、农业面源污染控制等工程措施相适应的水生态系统。

3. 工艺设计

河湖修复是一项复杂的系统工程，目的是依靠河道环境的自我修复能力，并辅以适当的人工措施，加速被破坏的生态系统的功能恢复。在充分总结以往河湖治理经验的基础上，根据现场踏勘情况，了解掌握河湖周边水域水生态现状，详细分析污染源来源；根据当地实际的检测数据，经严格的技术分析、论证与研讨后，确定设计方案，以削减污染、改善与提升河湖水质为重点，以水体生态系统修复为目标，从污染源控制（包括外源污染削减及内源污染控制）、水生态治理与修复两方面着手，旨在提升水质、最终全面恢复河湖生态系统。

（1）工艺流程图。河湖修复是一项理论复杂、因素众多、操作困难的工程，既要因地制宜，又要符合科学，更要讲究实效，河湖修复技术路线如图 8-13所示。

（2）工艺的选择。结合河湖水域水质实际情况以及治理目标，根据不同河湖水生态特点进行修复。

1）驳岸改造工艺。为达到治理目标，对于外源污染的消除是必不可少的，对于河道驳岸不能满足控源截污要求的，可选择生态驳岸、植物带、生态拦截沟等工艺，能够有效消除外源污染的流入，从而减轻河道水体内部的负荷。驳岸改造使用的技术主要包括以下几个方面。

a. 生态驳岸。生态护岸是指能在防止河岸坍方之外，还具备使河水与土壤相互渗透，增强河道自净能力，有一定自然景观效果的河道护坡形式，其兼具防洪效应、生态效应、景观效应和自净效应。硬质护岸生态改造工艺是针对城市河道护岸三面光现象而设计的一套简易的生态改造技术和工艺（图 8-14）。

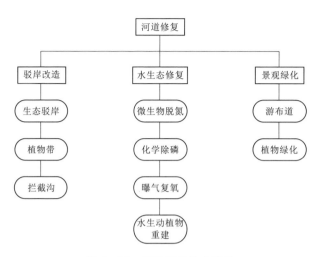

图 8-13　河湖修复技术路线

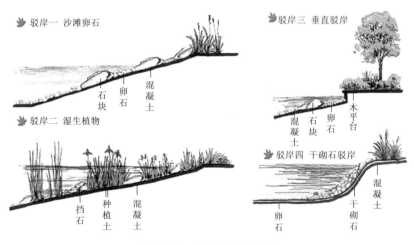

图 8-14　生态驳岸示意图

　　b. 植物带。在河道与生态沟渠旁种植不同的植物，呈条带状分布。植物带能缓冲农地排水，减少入河渠的泥沙量；植物根茎上附着的大量微生物，可加快排灌水中的营养物质吸收；另外，植物也可以吸收营养物质，改善局部环境。构建植物带既可以削减部分入河面源污染，还能够增加河道沿岸景观性。

　　c. 生态拦截沟。生态拦截沟是一种用于收集面源污染径流的线型集水沟，主要由工程部分和植物部分组成。其中，工程部分包括渠体（两侧沟壁具有一定坡度，沟体较深，沟渠底施工采用活性生物介质夯实）；植物部分主要包括渠底、渠两侧的植物，其主要利用沟内的植物和活性生物介质，促进径流携带颗粒物质的沉淀，对入湖的地表雨水径流进行拦截和净化（图8-15）。

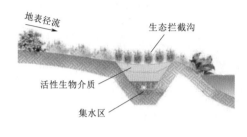

图8-15　生态拦截沟示意图

2）水生态修复工艺。

a. 微生物脱氮工艺。微生物强化脱氮系统是专门用于削减河道氨氮含量的一体化成套设备，整套设备分为三个功能区块：第一个功能区块为预处理区，其针对河道中的悬浮物以及溶胶状的有机物质进行去除；第二个功能区块为强化处理区，在该区域内通过定向培养、驯化河道中的土著硝化微生物，利用硝化细菌及好氧型异养菌对河道中的氨氮及有机物进行强化去除，同时在该区域内放置高效的微生物附着基，为微生物的增殖提供场所，能够有效避免微生物的流失，其处理效率为普通氨氮处理设备的10倍；第三个功能区块为水质澄清区，在该区域内对强化处理区块流出的水进行过滤，在处理水质的同时提升设备出水的透明度。微生物强化系统处理前后对比效果，如图8-16所示。

（a）处理前　　　　　　　　　　（b）处理后

图8-16　微生物强化系统处理前后对比效果

b. 化学除磷工艺。化学除磷采用的底泥改良剂主要是由自然界的氧化硅和氧化铝，少量的氧化钙、氧化镁与稀土元素按照一定的比例组成。

除磷机理：通过两种途径发挥效力，高效水体底泥改良剂在其下沉的过程中，吸收水体中的可溶性磷酸盐；当高效水体底泥改良剂穿过整个水体后，能在水体底部底泥上形成一层覆盖层，以阻止水体的二次污染。

适用范围：对于水中的温度、溶解氧、pH值以及含盐量等要求宽松，不仅可在pH值为4～11的水体中发挥作用，同样能在厌氧环境下取得良好效果，相比其他处理方法具有显著优势；而且，一旦可溶性磷酸盐被束缚在黏土基质中，其稳定性基本不受 pH 值、盐度和温度等因素的影响。

底泥改良技术施工前后对比效果如图 8 - 17 所示。

（a）施工前　　　　　　　　　　（b）施工后

图 8 - 17　底泥改良技术施工前后对比效果

c. 曝气复氧工艺。造成天然水体黑臭、富营养化的关键是外来的污染物质在自然降解过程中消耗了水体中大量的溶解氧，造成厌氧状态，从而使水体中原有的水生植物、动物等灭绝；曝气复氧技术可以有效地改变水体中的氧分布情况，提高水体中的溶解氧浓度。工艺主要包括纳米气泡水体透析、曝气鼓风机、喷泉曝气等。

（a）纳米气泡水体透析生态修复技术。溶解氧含量是反映水体污染状态的一个重要指标，污染水体溶解氧浓度的变化过程反映河流的自净过程。溶解氧在河水自净过程中起着非常重要的作用，并且水体的自净能力直接与曝气能力有关。净化河道水质的首要步骤是在河水中进行造流、增氧，使死水变为活水，以强化水体的自净作用；提高水中的溶解氧可以有效地消除水体的缺氧状态，避免黑臭等情况发生。当溶解氧含量在 4mg/L 以上时，水体就处于一个良好的好氧环境。

采用纳米气泡水体增氧技术可以改变底泥的供氧环境，通过寄宿在底泥中的微生物逐渐降解底泥，这种方式虽然底泥降解需要较长的时间，但工程实施简单，且运行成本最低。

（b）曝气鼓风机。鼓风曝气系统由鼓风机、曝气装置和一系列连通的管道组成。沉水风机（图 8 - 18）将空气通过一系列管道输送到安装在河道底部的曝气装置，经过曝气装置，使空气形成不同尺寸的气泡。气泡经过上升和随水循环流动，最后在液面处破裂，在这一过程中产生氧向混合液中转移的作用。

图 8-18　微孔曝气盘效果图

（c）喷泉曝气。提水式喷泉曝气机（图 8-19）是专门针对江河湖泊等水体净化改善水质的需要而研制的增氧、造流、循环、净化水质的高效节能的水处理设备。应用于人工及自然湖泊水体、公园、生态住宅、城市河流湖泊、引水渠、河涌水系、生态休闲乐园湖泊等景观用水处理。

图 8-19　喷泉曝气机效果图

（四）河湖生态景观改造

改革开放以来，中国经济高速发展，人民群众的物质生活水平得到了极大的提升，随着全面建成小康社会目标的完成，中华民族正在向伟大复兴之路稳步前行。美好的生活，离不开美好的生态环境。建设生态文明，关系人民福祉，关乎民族未来。党的十八大把生态文明建设纳入中国特色社会主义事业五位一体总体布局，明确提出大力推进生态文明建设，努力建设美丽中国，实现中华民族永续发展。这标志着我们对中国特色社会主义规律认识的进一步深化，表明了我们加强生态文明建设的坚定意志和坚强决心。

因此，全面推行河长制，要在习近平生态文明思想指导下，以科学的建设理念，全面融合预防与保护形式，借助地方政府作用，积极引导全社会参与河湖治理与保护。

将生态景观改造与生态修复应用至城市河湖景观规划设计中，可有效改善城市生态环境，满足人民群众对美好生活环境的需求，提升城市护土净水以及防洪排涝的巨大作用。常见工艺如下。

1. 水生动植物重建工艺

针对水生态植物较少，生态系统薄弱的河道。可种植一些水生植物，发挥植物净化水质的作用，同时提升河道景观效果，实现"四季常绿，三季有花"；投加滤食性鱼类，丰富水生动物的种类，通过食物链实现水体氮、磷降解的目的。河道生态系统建立后，其水体净化能力也随之提升，最终实现河道水质和生物系统的生态平衡。

（1）挺水植物。挺水植物的根、茎生长在水的底泥之中，部分茎、叶挺出水面；其常分布于 0~1.5m 的浅水处，其中有的种类生长于潮湿的岸边。这类植物在空气中的部分，具有陆生植物的特征。除具有较高的观赏价值，更重要的是水生植物通过光合作用，吸收 CO_2 以及水体和底泥中的氮磷，将它们同化为自身生长所需的物质（葡萄糖）及结构组成物质（蛋白质和核酸），同时向水体释放满足自身呼吸消耗外多余的氧气，使得植物根际区域形成有利于微生物生长代谢的微环境，促进水体污染物转化，从而实现净化污染水体和生态修复的目的。

构建挺水植物系统。依靠滨水植物构建的岸坡防护，在提升水系景观的同时，还可以对滨水带的水质有较明显的提升。此外，还可以对面源污染、地表径流有较好的过滤作用，提高对项目的保护能力。比较分析了各挺水植物对氮磷的去除效率以及对环境的适应性，由此可知去污能力强的同时兼顾景观效果的挺水植物主要包括再力花、菖蒲、梭鱼草、鸢尾等。

（2）浮水植物。浮水植物也称浮叶植物，其生于浅水中，叶浮于水面，根长在水底土中的植物。浮叶植物根一般因为缺乏氧气，通过无氧呼吸可以产生醇类物质；同时能从水中吸取多种营养物质和重金属元素，并向水体释放氧气，增加水中溶解氧含量。

浮水植物的茎、叶在水面以上生长，具有很大的观赏性，通过合理配置群落，可以形成一片片独特而美丽的景观，令人赏心悦目，可以充分体现景观功能。另外，能给许多其他生物提供生境，有利于增加生态系统的多样性和稳定性。

根据区域气候、水质情况、周边区域情况以及浮水植物的景观性，常选用的浮水植物品种有香菇草、聚草等。

（3）沉水植物（水下森林）。在能够达到沉水植物生长所需的光饱和点的河段移植和栽培乡土种的沉水植物，利用其生长过程中吸收水体中氮、磷等营养物质的能力，不断净化水质，提高水体的自我修复能力，逐渐恢复沉水植被，提高水体生物多样性，进一步畅通系统内能量和物质的循环途径。

沉水植物在湖泊中分布较广，生物量较大，可成为浅水湖泊生态系统的主要初级生产者，也是湖泊从浮游植物为优势的混水态转换为以大型植物为优势的清水态的关键。浅水区沉水植物对湖泊中的氮磷等污染物质有较高的净化率，可固定沉积物，减少再悬浮，降低湖泊内源负荷，为浮游动物提供避难所，从而增强生态系统对浮游植物的控制和系统的自净能力，同时不同的沉水植物特性不同，其可形成的微生物"生物膜"厚度与微生物群落结构也不同，净化能力也不同。可在河道中种植的具有较强净化能力和观赏性的沉水植物包括苦草、伊乐藻、黑藻等。

（4）水生动物。水生动物技术是在水体中投放适当的水生动物可以有效地去除水体中富余营养物质，控制藻类生长，底栖动物螺蛳主要摄食固着藻类，同时分泌促絮凝物质，使湖水中悬浮物质絮凝，促使水变清。通过控藻引导水体生态修复是一项综合技术，它的基本思路是以各类水生动物吃藻控藻、滤食有机悬浮物颗粒等作为启动因子，继而引起各项生态系统恢复的连锁反应，包括从底泥有益微生物恢复、底泥昆虫蠕虫恢复、底栖螺贝类恢复到沉水植物恢复、土著鱼虾类等水生生态系统恢复，最终实现水体的内源污染生态自净功能和系统经济服务功能。

鱼类处于水生食物链的最高级，在水体内藻类为浮游生物的食物，浮游生物又供作鱼类的饵料，使之成为菌→藻类→浮游生物→鱼类的食物链。利用食物链进行有效地回收和利用资源，取得水质净化和资源化、生态效果等综合效益。滤食性鱼类可以有效地去除水体中藻类物质，使水体的透明度增加。工程中投放的鱼类主要有鲫、鲢鱼、鳙鱼等。水生动物以水体中的细菌、藻类、有机碎屑等为食，可有效减少水体中的悬浮物，提高水体透明度。投放数量合适、物种配比合理的水生动物，可延长生态系统的食物链、提高生物净化效果。定期打捞浮游动物和底栖动物，可以防止其过量繁殖造成的污染，同时也可以将已转化成生物有机体的有机质和氮磷等营养物质从水体中彻底去除。

（5）生态浮岛工艺。

1）在根系形成生物膜，利用表面积很大的植物根系在水中形成浓密的网，吸附水体中大量的悬浮物，并逐渐在植物根系表面形成生物膜，膜中微生物吞噬和代谢水中的有机污染物成为无机物，使其成为植物的营养物质，通过光合作用转化为植物细胞的成分，促进其生长，最后通过收割浮床植物和捕获鱼虾减少水中营养盐。

2）浮床上的植物可供鸟类栖息，下部植物根系形成鱼类和水生昆虫生息环境。植物可以通过根系向水中输氧，从而构建起不同氧气含量的"根际区"。不同的微生物分别在适宜的根际区大量繁殖，降解水中的各种污染物质，并通过对有机污染物的矿化作用为植物提供生长所需的无机养料。

3）植物在竞争吸收水体中的氮、磷等营养物质时处于优势地位，可使藻类因缺少营养源而死亡。此外，浮床植物通过遮挡阳光抑制藻类的光合作用而减少浮游植物生长，对防止"水华"❶ 现象很有效，能很好地提高水体透明度。生态浮岛工艺原理如图 8－20 所示。

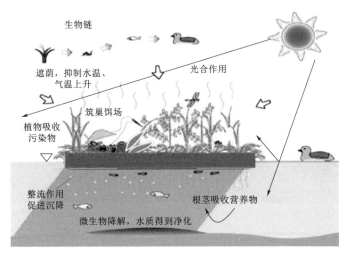

图 8－20 生态浮岛工艺原理

（6）人工湿地工艺。

1）表层流人工湿地一般由一个或几个填料床组成，床底填有基质，并设有防漏层来阻止废水渗入地下而污染地下水，在系统中种植一些水生植物，如水葫芦、芦苇、菹草等，废水经常同表层水流相混合，在湿地内流动，持续时间一般为 10 天。这种类型的湿地，对生化需氧量（BOD）、化学需氧量（COD）、悬浮物等指标的去除率高于渗漏人工湿地。

2）潜流式人工湿地一般由两级湿地串联、处理单元并联组成。湿地中根据处理污染物的不同而填有不同介质，种植不同种类的净化植物。水通过基质、植物和微生物的物理、化学和生物的途径共同完成系统的净化，对 BOD、COD、TSS、TP、TN、藻类、石油类等有显著的去除效率；此外该工艺独有的

---

❶ 水华现象（在海洋中称为"赤潮"）指伴随着浮游生物的骤然大量增殖而直接或间接发生的现象。

流态和结构形成的良好的硝化与反硝化功能区对 TN、TP、石油类的去除明显优于其他处理方式。其系统结构主要包括内部构造系统、活性酶体介质系统、植物的培植与搭配系统、布水与集水系统、防堵塞技术、冬季运行技术。

2. 景观绿化工艺

（1）游步道。游步道体系就是沿着河滨、溪谷等自然走廊，或是沿着诸如游憩活动的沟渠、风景道路等人工走廊所建立的线型开敞空间，包括所有可供行人和骑车者进入的自然景观线路和人工景观线路。它是连接公园、自然保护地、风景名胜区、历史古迹，以及其他与高密度聚居区之间进行连接的开敞空间纽带。

游步道包括主园路、次园路和自行车道。主园路结合绿道及未来电瓶车游览通行设计宽度为 4m，贯通整个场地，连接各个主题功能区，局部段与外部干道相结合；次园路宽 2.5m，完善景点与景点之间的交通可达性；自行车道宽 1.5～1.2m（图 8-21）。

（a）主园路　　　　　　　（b）次园路（栈道）　　　　　（c）自行车道

图 8-21　游步道示意图

（2）植物绿化。河道两边绿化满足当地绿道网络规划要求，建设都市型和郊野型植物绿化带，农田鱼塘段尽量利用原有田埂路拓宽，村庄段尽量结合原有村道，果园、花卉种植基地绿道在花、果园中绕行，充分体现田园风光。绿化带控制在河道两岸 30m 用地范围内，局部节点区域面积扩大，满足游览及双向设置的通行要求。不同类型植物带与常见景观绿化植物如图 8-22 和图 8-23 所示。

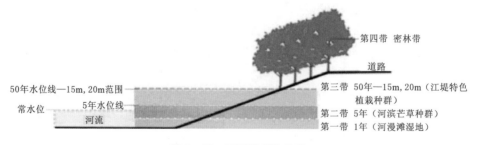

图 8-22　不同类型植物带

（a）白骨壤　　　　　　（b）秋茄　　　　　　（c）玉兰

（d）木槿　　　（e）海杧果　　　（f）海滨木槿　　　（g）海桐

（h）桐花树　　　　（i）厦门老鼠簕　　　　（j）海茄

图 8-23　常见景观绿化植物

参　考　文　献

国务院法制办公室，2008.中华人民共和国水污染防治法［M］.北京：法律出版社.

国家环境保护总局，国家质量监督检验检疫总局，2002.地表水环境质量标准：GB 3838—
　2002［S］.北京：中国标准出版社.

国家环境保护总局，2002.城镇污水处理厂污染物排放标准：GB 18918—2002［S］.北京：
　中国标准出版社.

全国人大常委办公厅，2008.中华人民共和国环境保护法［M］.北京：中国法制出版社.

中华人民共和国住房和城乡建设部，国家质量监督检验检疫总局，2011.河道整治规划设计规
　范：GB 50707—2011［S］.北京：中国标准出版社.

中华人民共和国住房和城乡建设部，2012.城镇排水管道检测与评估技术规程：CJJ 181—2012

[S]．北京：中国建筑工业出版社．

中华人民共和国住房和城乡建设部，2014．城镇排水管道非开挖修复更新工程技术规程：CJJ 210—2014 [S]．北京：中国建筑工业出版社．

中华人民共和国住房和城乡建设部，2014．室外排水设计规范：GB 50014—2014 [S]．北京：中国标准出版社．

第九章
全面推行河长制背景下河湖治理长效监管机制

河湖管理及其水体保护是一项复杂的系统工程。受地理气候条件、河湖资源禀赋以及长期以来粗放增长方式的影响，我国河湖管理及其水体保护面临严峻挑战，水资源短缺、河湖水域萎缩、水系连通不畅、岸线乱占滥用、水污染严重、水生态退化问题日益严重。全面推行河长制是落实绿色发展理念、推进生态文明建设的内在要求，是解决我国复杂水问题、维护河湖健康生命的有效举措，是完善水治理体系、保障国家水安全的制度创新。全面推行河长制至今，我国河湖管理及其水体保护取得明显成效，但部分地区也存在投资多、见效慢、黑臭水体不断反弹、江河湖库水质改善不明显等现象。因此，如何确保治理效果长效久安是河长制下河湖治理的重点难点，本章通过以下几个方面进行相关探讨。

第一节 提升科学治水能力

国内外治水实践表明：水问题及其治理是涉及人文、社会、经济、管理与工程技术等多方面的综合性问题；水科学是关于水的知识体系，是自然科学、社会科学与人文科学的有机融合；科学治水是水治理的正确途径，生态河湖建设是水治理的根本目标；河湖管理及其水体保护是不断完善与提升的过程。因此，在河湖治理进程中应充分注重以下几方面问题。

一、坚持科学治水理念

充分认识水问题治理的系统性和整体性，正确认识治理过程的长期性和阶段性，必须以区域为整体，工程和非工程措施并举，统筹制定治理规划技术方案，分阶段实施；坚持"政府主导、一龙牵头、多龙协同、多规合一、一功多能、科技引领、系统治理、精准施策"的治理思路。

二、确立科学治水目标

河湖治理的根本目标是恢复河湖的生态功能，国内外水问题治理的经验教训充分说明，水污染防控只是河湖治理的第一步，在入河污染总量控制的基础上，改善河湖内水土介质关系，水中植物、水生动物栖息环境和水体活性等，形成有利于河湖健康的水环境，增强水体生态功能，以提高水体自净能力，实现河湖水质长期稳定或不断提升的良性循环，所以生态河湖建设是水问题治理的根本目标。

三、充分重视科学论证

河湖治理的过程是生态河湖建设中若干工程和非工程措施有机联系与共同作用的效果，为了使工程和非工程措施具有针对性、合理性并长效、高效，必须对污染源产生、输移、入河、降解或扩散的数量、质量及其时空特征进行详细监测和解析，找准问题，找对原因，跟踪变化，精准施策。

四、科学制定治理方案

根据我国流域与行政区域体系特征，在流域规划的基础上，进行区域水问题综合治理。一般以县（市）行政区域为单元，针对水安全（洪、涝、旱）、水资源配置、水环境污染、水生态修复等方面的突出问题，以"安全管控、控源截污、内源治理、水质净化、生态修复、清水补给、活水循环"为技术路线，应急治理与长效治理结合，以生态河湖建设为目标，在实地勘察、监测等基础上，科学论证，谋划顶层设计，编制切实可行、经济合理的系统性技术方案，科学制定"工程项目化、项目节点化、节点责任化、责任具体化"的分阶段实施的具体举措，确保水治理实效、高效和长效。

第二节　大力实施数字治水

数字化治水系统能够连续、安全、无故障、不间断运行作业，能够客观、实时地反映水生态变化，是在全面推行河长制背景下进行河湖生态治理的切实有效的长效监管机制。

一、建设数字化排水管理平台

（一）建设目标及意义

充分运用感知物联网、大数据、云计算、人工智能等先进技术手段，建立数字化排水监管系统（王冠军，2019），对水环境质量数据、污染源数据、管网水质水量信息和水文气象等多源数据进行采集、集成；对信息统一汇集、统一治理、统一存储、统一加工、统一共享、同化与可视化应用，形成"1 张图＋N

个专题应用"（图 9 - 1）模式系统，即环境综合展示"GIS 地图"，智慧管网、智慧河道、事件响应等专题应用，完成大数据共享，实现真正意义上的用数据说话、用数据管理，实时监测水体水质，做到"污染早发现，源头快定位，问题急处置"，变被动为主动，助力城市排水全过程精准管控，改善水环境质量（孙金华，2018）。

图 9 - 1　智慧排水平台展示

具体建设目标及意义主要包括以下几个方面。

（1）对污水零直排区建设效果进行评价。通过监测雨水管网的液位、水质数据，分析得出雨水管网中是否有污水接入，雨天时是否有污水溢入，监测区域初雨污染情况；通过监测污水管网流量、水质数据，并结合降雨量数据，分析得出污水管网在雨天的入流入渗量；为雨污分流质量、污水零直排区❶建设效果评估提供数据支持。

（2）污水管网入流入渗监测。通过长期监测污水管网的流量、液位、水质等数据，结合降雨量数据分析污水管网中是否有雨水混入，为管网的提质增效整改提供数据支撑。

（3）及时发现偷排漏排事件。及时感知管网中有无来水、来水量多少、来水水质，并结合降雨量数据，及时对排水管网的偷排漏排等事件做出预警。

（4）高效、精准追溯污水源头。对于偷排漏排、入流入渗等事件，能迅速锁定来水区域，缩小排查范围。根据需要可进一步布设临时监测点位，分区溯

---

❶　对生产、生活和经营活动产生的污水实行截污纳管、统一收集，经处理达标后再排放到外环境，做到雨水管"晴天无排水，雨天无污水"。

源，实现快速锁定污水来源。

（二）系统建设原则及设计依据

1. 系统建设原则

（1）数字信息共享性一致性原则。数据信息由基层窗口部门一次性录入，相关信息多系统共享，避免各系统之间的重复录入或数据信息不一致、不完整的情况。同时也将为上层相关软件提供开放数据上报接口，方便数据对接。

（2）实用性和先进性相结合的原则。数字化平台建设需要取得实际的使用效果。因此，设计需要坚持实用性和先进性相结合的原则，在追求社会效益的前提下追求技术的先进性（包括软硬件基础设施和软件系统的先进性）和实际投入应用系统的实用性与有效性。

（3）安全性原则。要求系统能够连续、安全、无故障、不间断运行作业。在充分考虑资金投入效益的基础上，为了防止系统某一环节出现故障导致崩溃，能够保证系统在最短的时间内恢复正常，将损失降低到最低限度，在条件许可情况之下应该尽量采用成熟的备份恢复技术。系统需要具有较强的数据存储功能，因为每天都会产生大量的数据，系统必须具备存储与管理海量数据的能力。

（4）易用性原则。在用户界面上，要求直观、简洁、友好，菜单要求功能清晰，具有简单的层次感，应避免复杂的菜单选择和窗口重叠，简化数据输入，界面应采用统一风格，统一操作方式；在数据逻辑上，遵循业界惯用的逻辑处理模式；在功能处理上，逻辑相关的功能分布在一起，并保证流畅地切换；在信息统计上，系统为用户提供简便统计工具，方便用户对数据库的管理、统计及图表显示和输出。

（5）可扩展性原则。为能适应当前信息化时代发展的要求，通常需要灵活、可扩展的接口，包括数据可扩展性、功能模块可扩展性、业务变化发展的可扩展性。在建设时应充分考虑新业务的发展空间，考虑政府业务流程的变化。

（6）保障机制。结合当前政府职能部门提出的"最多跑一次"改革，"智慧排水及工程项目管理"建设项目是一项长期而艰巨的任务，为确保平台系统的顺利建设和各项信息化目标的实现，必须采取切实措施，强化组织、人才、资金、安全、制度等保障，有计划、有重点地分步实施，形成有效的促进机制和保障机制。

2. 系统设计依据

（1）《信息技术软件生存周期过程》（GB/T 8566—2007）。

（2）《计算机软件产品开发文件编制指南》（GB 8567—2006）。

（3）《计算机软件需求说明编制指南》（GB 9385—2008）。

（4）《信息安全技术网络安全等级保护定级指南》（GA/T 1389—2017）。

(5)《自动化仪表工程施工及验收规范》(GB 50093—2013)。

(6)《计算机场地通用规范》(GB/T 2887—2011)。

(7)《供配电系统设计规范》(GB 50052—2009)。

(8)《综合布线系统工程设计规范》(GB 50311—2016)。

(9)《视频安防监控系统工程设计规范》(GB 50395—2007)。

(10)《电气装置安装工程接地装置施工及验收规范》(GB 50169—2016)。

(11)《分散型控制系统工程设计规定》(HG/T 20573—2012)。

(12)《城市地理信息系统设计规范》(GB/T 18578—2008)。

(13)《城市基础地理信息系统技术规范》(CJJ 100—2017)。

(三) 主要建设内容

管网数字化排水综合管理平台建设基于地理信息系统 (Geogvaphic Information System, GIS) 的智慧排水系统。智慧排水系统平台采用检测、信息、通信、电子、软件分析等技术，实时监控管网各主要管段污水纳管效率、流量、水质情况，重要节点的阀门、窨井状况等。有效提高城市排水管网系统和处理终端的整体运行效率及运行质量。实现排水系统的数字化、可视化、信息化、集成化、业务化管理。主要建设内容为数字排水综合管理平台 PC 端软件开发、手机软件移动端和信息监测采集硬件端。

1. 数字化排水系统 PC 端软件架构

数字化排水平台采用 B/S 模式，即浏览器和服务器结构。在这种结构下，用户工作界面是通过 Web 浏览器来实现，极少部分事务逻辑在前端 (browser) 实现，但是主要事务逻辑在服务器端 (server) 实现，形成所谓三层 3-tier 结构。B/S 结构下 Web 浏览器是客户端最主要的应用软件。这种模式统一了客户端，将系统功能实现的核心部分集中到服务器上，简化了系统的开发、维护和使用。客户机上只要安装一个浏览器 (browser)，服务器端运行 Web Server 服务软件，结合安装数据库。浏览器通过 Web Server 同数据库进行数据交互。

数字化排水系统主要由管网 GIS 系统、排水监测系统、智能调度系统、事件响应系统等组成，详细功能架构如图 9-2 所示。

(1) 服务端软件。该软件主要完成监测点数据的采集、分析、运算、分类入库；GIS 地理信息系统的后台编辑等服务端：

1) 数据采集：监测点数据通过 4G/5G 物联网、VPN 网络接口采集，协议解密数据采集终端与平台之间通过 VPN 网络进行互联。

数据采集频度要求：每分钟更新一次数据。

数据采集的内容包括：管网节点流量、窨井水位、窨井状态、管网节点水质参数等。

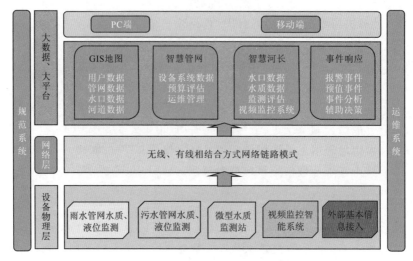

图 9-2　智慧排水系统功能架构图

使用专门的数据采集软件，通过 TCP 实现预留标准 MODBUS RTU、MODBUS TCP 等的通信协议接口，实现数据采集，并保存到数据库，历史数据保存 5 年以上。

2）数据分类：对数据分析，按监测点与数据类型等分类入库。采集数据后，由采集软件根据站点名称、设备种类进行分类入库，便于统计查询，并每天对数据进行统计分析，生产相应的日报数据。

3）报警分析：通过设置参数等比较运算，生成报警信息，分类入库；采集数据后，软件支持实时数据分析，建立运算比对告警规则。告警可以分轻、中、严重之分，告警策略可以设定。

4）运行分析：通过监测点参数（如流量值、水位值）变化，建立管网运行模型，通过高效的手段进行过滤、聚合以及运算，生成运行预警信息；帮助管理者分析管网情况，提供运行指导方案。

5）提供 PC 客户端后台服务以及移动客户端服务。

（2）客户端软件。该软件平台包含管网设施基础信息、运行信息、管理流程、调度决策等参数。

1）实时信息：污水管网的瞬时流量及累计流量、水位等变化趋势、重要故障报警，所有受控阀门设备的状态及远程控制，所有受控点的水质数据，窨井水位的实时状态等。报警方式至少支持短信报警、本地音响播放、界面闪烁提示、电话语音呼叫播报具体报警信息。

对采集到的数据进行实时分析，超过上下限数据时，进行告警提示，包括一般报警、预报警、重要报警等，提示的方式有弹屏提示、本地音响提示、短信提示、电话语音呼叫提示等多种方式可供用户选择。

可以灵活配置报警类别（包括一般报警、预报警、重要报警等）、报警上限和下限值、报警事件和推送方式（如颜色和动态提示、系统推送等），报警事件和效果可在系统首页和移动终端自动弹出显示，并支持手动解除等操作。

告警的规则可以自行设置，编写脚本可以二次开发。

同时可以对报警信息进行统计分析，识别报警事件的主要分布，便于及时发现问题进行纠正。

除了以上对采集的数值进行实时分析并产生告警外，系统还具备统计分析功能，如果统计分析的数据超过一定范围，系统也会产生新的告警。

2）水质检测：提供水质检测仪表数据接口，能实时显示COD、氨氮、总磷等水质数据，提供水质分析报表、水质趋势分析曲线、水质超标报警，支持手工数据录入窗口功能。

系统可展示水质监测数据的趋势与当前数值。当部分数据无法实时采集时，系统支持手工登记水质检测数据，提供窗体填入手工数据。

3）实时视频：在重要监测点可录制实时图像视频，便于图像回放。视频可以在系统内集中查看，同时能够显示视频设备的离线或在线状态。

4）运行管理：提供人员编制、值班排班、培训计划、制度管理等日常管理事项发布。根据服务端分析软件，提供管网运行预警信息、调度依据参数等展示。

5）统计分析：根据重要运行数据，生成各类管理报表，为生产调度提供决策依据。

（3）巡检养护管理部分。

1）巡查管理：通过与移动端软件的结合使用，将移动端的巡查信息（照片、数据记录、位置坐标）按定点、定时方式实时上传，电脑服务端具备统计、分类、分析功能，便于管理各管网设施设备状态及巡检维护的状态，运维车辆、养护人员的GPS实时状态和轨迹回放。支持异常事件处理及统计跟踪。

2）养护管理：支持计划养护任务和临时养护任务的制定；实现巡检养护管理的统计、分析，并生成相关报表。养护信息支持绑定至地图管线或设备，方便管理者了解管线、设备历史养护记录信息，支持移动端采用自动和手动方式绑定，绑定完成后由后台的编辑系统进行审核后确认绑定是否正确。

3）维修管理：实现抢维修工单管理、工单派发、工单手持端填报、工单信息化流转等抢维修工作日常管理基础功能，支持将抢维修信息关联到地图管线或设备上，支持移动端采用自动和手动方式绑定，并在后台审核，支持抢维修工单的模糊查询。

4）生成各类养护统计报表，包括统计实际工作量、已完成工作量、未完成工作量。

5）建立巡检、养护、维修工作流程知识库，存储规范性文档、历史问题和对应的解决方案，可作为后续工作参考依据。包括：巡检计划的制订、巡检任务的跟踪、巡检报表的生成。

6）形成对各类型工单的综合管理，实现对维修工单的全生命周期管理。

7）与移动客户端（移动端）协同工作。

（4）天地图的使用。天地图是国家基础地理信息中心建设的网络化地理信息共享与服务门户，集成了来自国家、省、市（县）各级测绘地理信息部门，以及相关政府部门、企事业单位、社会团体、公众的地理信息公共服务资源，向各类用户提供权威、标准、统一的在线地理信息综合服务。以天地图作为基础 GIS 平台，在此平台上进行二次开发，满足日常运维管理的需求，便于调度、直观展示。

2. 数字化排水系统移动端软件

配套开发综合业务监管移动端软件。适用 iOS 系统和安卓系统，主要用于现场监管和移动监管，包含以下主要功能。

（1）智慧排水管理系统：主要排水管网参数、重要统计报表、重要排放指标监管。

（2）降雨量监测系统：主要监测参数为分钟降雨量。

（3）排水管网智能监控：对排水管网流量、液位与水质进行监测。

（4）智能调度系统：对主要泵站、智能设备进行控制调度。

二、建设数字化河长管理平台

（一）建设目标及意义

1. 建设目标

数字化河长管理系统主要包括基本信息管理、水质报告、报表管理、设备管理、动态监测等。同时，文档管理根据实际需要作为补充模块。

水质报告：收集监测终端实时水质数据，对数据进行统计、分析、汇总。

报表管理：水质数据的日、月、季、年管理。

动态监测：动态监测主要查询各监测点位的实时水质动态。

报警管理：为超出限定值的终端监测设备发送报警信息。

宣传管理：对宣传文档进行管理。

文档管理：通用的知识库进行文档管理，包括文档的名称、创建者、关键词、所属机构，供相关人员进行下载查看。

计划规划管理：规划文件的上传，下载和查看功能。

2. 实现方式

在管网排出口和河道断面布设水质自动监测系统，监测指标涵盖水质五个参数（pH 值、溶解氧、电导率、浊度、温度）、氨氮、总磷、总氮、高锰酸盐指数（国家环保总局，2002），实时全面感知河道水环境状况，通过开发专用数据传输接口获取原始数据。分类统计后存储至监管平台。获取数据后，通过曲线、饼图、仪表盘的方式分析显示各项数据指标。

3. 建设意义

河道治理是河长制的重要工作内容，与短期的河道治理相比，河道水质的长效管理持续时间更长，涉及部门和行业更多，协调和管理难度更大，是河湖管理保护中的一个难点。缺乏有效的河道水质长效监管解决方案，业已修复的河道也容易被再次污染，出现黑臭反弹，产生不良的社会影响。

通过数字化河长管理系统，可以实时掌握河道水质数据和城市管网排水口的水质变化情况。通过实时水质数据，能准确把握水质污染源头，实现精准治理。确保河湖生态治理成果不被破坏，城市河美水清，水治理长效常态。

（二）设计方案和依据

数字化河长管理平台依托地理信息系统（GIS）和远程视频监控，对河道设施进行可视化管理并实现水质的实时监测，可根据动态数据分析自动生成电子档案，有效管控水环境，提高了治水工作信息化水平，推动实现河道智慧化、精准化、高效化、全民化管理。

数字河长管理平台能在线实时获取监测站的水质数据，水质监测站是化学分析仪器和各种水质检测传感器的集成，并结合了现代化的数据采集处理技术、数据通信技术、浮标设计及制造技术，是实现环境水质监测智能化、网络化、在线监测的有效技术手段。为河长制的落实提供全方位的系统平台支持和技术支撑。通过现场检测和实时在线监测，配合信息化系统和应用终端，帮助河道管理部门和管理者及时、准确地掌握河道水质信息，为预警预报重大流域性水质污染事故、监管污染物排放、监督总量控制制度落实等提供帮助。

最后，通过检测机器人的配合，可以对污染排放点进行源头精准定位，迅速掌握污染源排放位置信息。据此，监管部门可以做出科学的整改方案，有效控制排放源头（图 9-3）。

（三）主要建设内容

数字化河长管理系统主要包括感知层、网络层和应用层。感知层主要是水质分析解决方案，包括了水质监测中心、岸边站、水质监测浮标和便携式水质检测箱，提供了多种获取河道水质信息的方法，可以依据实际监测需求进行选择。网络层主要是网络通信以及水质数据库，存储河道及水质数据。应用层以应用软件为主，包括电脑管理终端和移动管理终端。

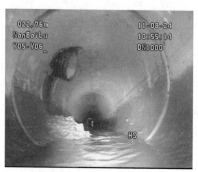

图 9-3　检测机器人污染源头排查

1. 数字化河长管理系统感知设备建设

（1）水质监测中心。水质监测中心是固定永久性水质监测站，具有较大的内部空间，支持安装复杂的水质监测设备并提供良好的测试环境。水质监测中心一般由采水和配水单元、分析测试单元、系统控制单元和通信单元等组成，具备完善的供水、供电、防雷、防水、保暖、防冻、网络通信以及视频监控等功能。在监测站内，还加装化学试剂柜、实验台等设施，放置实验室分析测试设备等，使其除在线水质监测功能之外，同时具备实验室水质分析能力。水质监测中心具有很强的灵活性，分析测试单元可根据不同的监测需求进行选择，既可用于重点监控江河断面的水质监测，也可用于普通河道的水质监测。因监测中心造价维护成本高，一般采用接入政府生态环境主管部门监测中心的方式，不另行单独建立。监测指标包括 pH 值、ORP、电导率/TDS、溶解氧、浊度、COD、高锰酸盐指数、氨氮、总磷、总氮等。

（2）岸边站。岸边站是半永久性水质监测站，一般采用彩钢或不锈钢材料建造，表面做喷塑或烤漆处理。岸边站由采水和配水单元、分析测试单元、系统控制单元和通信单元等组成，具备完善的供水、供电、防雷、防水、保暖、防冻、网络通信以及视频监控等功能。

岸边站占地面积小，建设周期短，适用于土地资源紧缺，地形复杂，无法建设砖瓦结构站房的场景。监测指标包括 pH 值、ORPE /TDS、溶解氧、浊度、COD、高锰酸盐指数、氨氮、总磷、总氮等。

（3）排水口适用监测终端设备。江河、湖泊、水库是重要的饮用水水源，也是水环境治理和监管的重要环节。基于自动水质分析仪器的水质监测中心站具有强大的水质监测能力，具有良好的测试准确性和可靠性。但在实际应用中，也面临一些局限性，特别是：①占用岸边土地资源，选址难度大；②需要一定的供电供水等基础保障设施，在偏远的山区难以实现；③采样点比较固定，无法对特殊位置进行取样等。

　　数字河长终端设备结合了现代传感器技术、自动控制技术和物联网技术，可以实时监测水体的化学和理变化，实现数据的远传和分析。通过大数据建立水质污染指数模型和特征污染物预测数据库，可以对河道水质变化进行预测，并对突发性污染事件进行预警。根据实际情况，通常采用浮漂式设计（图9-4）。主要监测指标包括水质参数：pH值、ORP、电导率、TDS、盐度、溶解氧、浊度、温度、氨氮、COD等。

图9-4　数字化河长设备

　　应用领域包括：①水源地预警；②江河、湖泊、湿地、海洋等的生态监测；③蓝藻、赤潮的监测和预警；④富营养化状况监测和调查；⑤生态修复工程的效果评估和长效监管；⑥水产养殖水质环境监测；⑦突发性污染事件监测和预警。

　　数字化河长管理系统感知设备的主要特点包括以下几个方面：

　　①运用4G/5G通信技术，把监测点水质、周边水体颜色、水面周围情况实时反馈在数字化大平台上；②信息具有可存储、可跟踪、可预警的功能，支持离水报警和位置偏离报警；③直接投放到河道中进行水质监测，使用简单灵活，不占用岸边土地；④浮标体采用高强度塑料和不锈钢材质制作，抗撞击能力强，防生物附着性，耐腐蚀；⑤大浮力设计，有效载荷更高，可搭载更多水质监测设备和辅助设备，存放电池和电子设备的密封箱水密封性佳；⑥浮标具有自平衡能力，具有良好的抗风抗浪性能；⑦采用传感器进行水质监测，可根据测试需求配置不同传感器，测试过程绿色无污染；⑧支持蓄电池和太阳能双重供电，有效提高续航时间；⑨支持无电报警，提示运维周期；⑩支持单点标定、多点标定、动态标定功能；⑪支持双向通信，可远程控制浮标，调整测量参数；⑫支持大容量的数据采集和存储；⑬支持数据无线传输，可设置测试和数据发送间隔；⑭支持传感器自清洗功能，减少日常维护量；⑮支持GPS全球定位，加强防盗功能；⑯具有警示标识，有效提醒过往船只防止碰撞；⑰具有固定及回收系统，可根据水下不同情况选择不同形式的锚和抛锚方式。

2. 数字化河长管理系统 PC 端建设

数字化河长管理系统 PC 端主要包括综合展示大屏、数字河长可视化展示、数字河长基础信息展示、实时水质监测数据展示、水质预警信息展示、数字河长运维信息展示、视频可视化服务等模块。

（1）综合展示大屏。可显示当前河长设备数量、设备状态，选中设备的信息、实时水质数据、实时视频等信息（图 9-5）。

图 9-5　数字化河长信息展示大屏

（2）数字河长可视化展示。通过数字河长二维地图可视化展示，可查看定位河长终端设备位置，GPS 坐标等。

（3）数字河长基础信息展示。对数字河长基本信息，如所属断面、河长信息、水质功能目标、责任人等信息的展示和查询。

（4）实时水质监测数据展示。数字河长实时水质监测，支持氨氮、COD、浊度、pH 值、溶解氧、电导率等水质信息的展示和查询。

（5）水质预警信息展示。可查看数字河长水质监测预警信息及水质数据历史预警记录。

（6）数字河长运维信息展示。数字河长终端设备运维检修记录包括时间、检修人员、现场照片等信息的展示和查询。

（7）终端视频可视化服务。数字河长终端实时视频展示功能，支持远程操作摄像角度调整、图片抓拍、视频录制、存储等功能。

3. 数字化河长管理系统移动端建设

数字化河长管理系统移动端一般主要有安卓和 iOS 系统两个版本，基本功能包括数字河长可视化展示、数字河长基础信息展示、实时水质监测数据展示、水质预警信息展示、数字河长运维信息展示、视频可视化服务等模块。

（1）数字河长可视化展示。数字河长二维地图可视化展示，可查看定位河长终端设备位置、GPS坐标等（图9-6）。

（2）数字河长基础信息展示。对数字河长基本信息，如所属断面、河长信息、水质功能目标、责任人等信息的展示和查询。

（3）实时水质监测数据展示。数字河长实时水质监测，支持氨氮、COD、浊度、pH值、溶解氧、电导率等水质信息的展示和查询。

（4）水质预警信息展示。可查看数字河长水质监测预警信息及水质数据历史预警记录。

（5）数字河长运维信息展示。数字河长终端设备运维检修记录包括时间、检修人员、现场照片等信息的展示和查询。

（6）终端视频可视化服务。数字河长终端实时视频展示功能，支持远程操作摄像角度调整、图片抓拍、视频录制、存储等功能（图9-7）。

图9-6　数字河长可视化展示

图9-7　数字河长终端实时视频展示

参 考 文 献

国家环境保护总局，国家质量监督检验检疫总局，2002. 地表水环境质量标准：GB 3838—2002［S］. 北京：中国环境科学出版社.

孙金华，王思如，顾一成，等，2019. 坚持科学治水推进生态河湖建设［J］. 中国水利（10）：8-10.

孙金华，朱乾德，王思如，等，2018. 强化科技引领提升河湖治理成效［J］. 中国水利
　　（12）：14-16.

王冠军，刘小勇，2019. 推进河湖强监管的认识与思考［J］. 中国水利（10）：5-7.

中华人民共和国国家质量监督检验检疫总局，中国国家标准化管理委员会，2007. 信息技术
　　软件生存周期过程：GB/T 8566—2007［S］. 北京：中国标准出版社.

中华人民共和国国家质量监督检验检疫总局，中国国家标准化管理委员会，2006. 计算机软
　　件产品开发文件编制指南：GB 8567—2006［S］. 北京：中国标准出版社.

中华人民共和国国家质量监督检验检疫总局，中国国家标准化管理委员会，2008. 计算机软
　　件需求说明编制指南：GB 9385—2008［S］. 北京：中国标准出版社.

中华人民共和国公安部，中华人民共和国建设部，2007. 视频安防监控系统工程设计规范：
　　GB 50395—2007［S］. 北京：中国计划出版社.

中华人民共和国工业和信息化部，2012. 分散型控制系统工程设计规定：HG/T 20573—2012
　　［S］. 北京：中国计划出版社.

中华人民共和国国家质量监督检验检疫总局，中国国家标准化管理委员会. 城市地理信息系
　　统设计规范：GB/T 18578—2008［S］. 北京：中国质检出版社.

中华人民共和国国家质量监督检验检疫总局，中国国家标准化管理委员会，2017. 城市基础
　　地理信息系统技术规范：CJJ 100—2017［S］. 北京：中国质检出版社.